KB019165

친환경문제 자동차정비 산업기사

GoldenBell

★ 불법복사는 지적재산을 훔치는 범죄행위입니다.

저작권법 제97조의 5(권리의 침해죄)에 따라 위반자는 5년 이하의 징역 또는 5천만원 이하의 벌금에 처하거나 이를 병과할 수 있습니다.

이 책의 100% 활용법

친환경자동차정비
핵심 요점정리

or

① 핵심 요점정리는 자료실을 활용

핵심 요점정리를 꼭 보고 싶다는 수험생은 (주)골든벨 발행 "합격 포인트,
확! 바뀐 PASS「자동차정비산업기사 필기」- 도서출판 골든벨 홈페이지
www.gbbook.co.kr '자료실 - 친환경자동차정비문제 요점정리'를 참조

② 각 파트별 다양한 문제 수록

하이브리드 전기자동차, 전기자동차, 수소연료전지차, CNG, LPI(고전압 배터
리 / 전기에너지 저장·제어 / 전동 파워트레인 / 차량 통신 / 안전관리 등)
총 400여 문제 수록

③ 각 문제마다 꼼꼼한 해설

CBT복원 기출문제, 예상문제, 자작 문제마다 요점정리 수준만큼의
풍부한 해설

차 례

01 CHAPTER

하이브리드 전기자동차

01 짧은 주행거리를 가진 전기 자동차의 단점을 보완하기 위하여 만든 자동차 중 주동력인 고전압 배터리와 모터 외에 보조 동력장치를 조합하여 만든 자동차는?

① 천연가스 자동차 　　　　　　　② 하이브리드 자동차
③ 태양광 자동차 　　　　　　　　④ 전기 자동차

정답 유추 이론

하이브리드 자동차란 2종류 이상의 동력원을 설치한 자동차를 말하며, 긴 충전 시간, 짧은 주행거리, 무거운 중량의 배터리를 가진 전기자동차의 단점을 보완하기 위하여 전기 배터리와 모터 외에 보조 동력원으로 주로 내연기관을 조합하여 연비를 향상시킨 자동차이다.

정답 01.②

02 KS R 0121에 의한 하이브리드의 동력 전달 구조에 따른 분류가 아닌 것은?

① 동력 집중형 HV 　　　　　　　② 동력 분기형 HV
③ 병렬형 HV 　　　　　　　　　　④ 복합형 HV

정답 유추 이론

■ **KS R 0121에 의한 하이브리드의 동력전달 구조에 따른 분류**
　① 병렬형(parallel) HV : 하이브리드 자동차의 2개 동력원이 공통으로 사용되는 동력 전달 장치를 거쳐 각각 독립적으로 구동축을 구동시키는 방식의 하이브리드 자동차.
　② 직렬형(series) HV : 하이브리드 자동차의 2개 동력원 중 하나는 다른 하나의 동력을 공급하는 데 사용되나 구동축에는 직접 동력 전달이 되지 않는 구조를 갖는 하이브리드 자동차이다.
　　엔진과 전기를사용하는 직렬 하이브리드 자동차의 경우 엔진이 직접 구동축에 동력을 전달하지 않고 엔진은 발전기를 통해 전기 에너지를 생성하고 그 에너지를 사용하는 전기 모터가 구동하여 자동차를 주행시킨다.
　③ 복합형(compound HV), 동력분기형(power split HV) : 직렬형과 병렬형 하이브리드 자동차를 결합한 형식의 하이브리드 자동차를 복합형 또는 동력 분기형 HV라고도 한다.
　　엔진과 전기를 사용하는 차량의 경우 엔진의 구동력이 기계적으로 구동축에 전달 되기도 하고 그 일부가 전동기를 거쳐 전기 에너지로 전환된 후 구동축에서 다시 기계적 에너지로 변경되어 구동축에 전달되는 방식의 동력 분배 전달 구조를 갖는다.

정답 02.①

03 내연기관 자동차와 하이브리드 전기 자동차와의 차이점에 대한 설명 중 틀린 것은?

① 차량의 출발이나 가속 시 구동 모터를 이용하여 엔진의 동력을 보조하는 기능을 가지고 있다.

② 하이브리드 자동차는 주행 또는 정지 시 엔진의 가동을 정지시키는 기능이 있다.

③ 차량 감속 시 구동 모터가 발전기로 전환되어 고전압 배터리를 충전한다.

④ 하이브리드 자동차는 정상적인 상태일 때 항상 엔진 기동 전동기를 이용하여 시동을 건다.

정답 유추 이론

하이브리드 자동차의 엔진 시동 시스템에서는 하이브리드 전동기(구동 모터)를 이용하여 엔진을 시동하는 방법과 시동 전동기를 이용하여 시동하는 방법이 있으며, 하드 타입(병렬형, 복합형) 하이브리드 자동차는 정상적인 상태일 때 HSG(시동 발전기, Hybrid Starter Generator)를 이용하여 시동을 걸며, 고전압 배터리 시스템에 이상이 있거나 배터리 SOC가 기준치 이하로 떨어질 경우 진단기를 이용하여 구동 모터로 시동을 걸고 소프트 타입 하이브리드 자동차는 정상상태 일 때 구동 모터로 시동을 걸고 고전압 계통 또는 구동모터에 이상 발생시 12V 스타트 모터를 작동시켜 엔진 시동을 제어한다.

정답 03.④

---

04 하이브리드 전기 자동차의 연비 향상 요인이 아닌 것은?

① 정차 시 엔진을 정지(idle stop)시켜 연비를 향상시킨다.

② 주행 시 자동차의 공기저항을 높여 연비가 향상된다.

③ 연비가 좋은 영역에서 작동되도록 동력 분배를 제어한다.

④ 회생 제동을 통해 에너지를 흡수(배터리 충전)하여 재사용한다.

정답 유추 이론

하이브리드 자동차의 연비 향상 요인은 정차할 때 엔진을 정지(아이들 스톱, idle stop)시켜 연비를 향상시키고, 연비가 좋은 영역에서 작동되도록 효율적인 동력분배를 제어하며, 회생제동을 통해 에너지를 흡수(배터리충전)하여 재사용하며, 주행할 때에는 자동차의 공기저항 크면 연비가 떨어짐으로 공기저항을 낮춰 연비가 향상되도록 한다.

정답 04.②

05 다음에서 하이브리드 전기 자동차의 특징으로 틀린 것은?

① 회생제동 기능을 사용한다.
② 2개의 동력원을 이용하여 주행한다.
③ 12V 배터리 충전을 위해 교류발전기를 사용한다.
④ 고전압 배터리와 저전압 배터리를 이용하는 두 개의 전원 회로가 있다.

정답 유추 이론

하이브리드 자동차의 고전압 배터리 충전은 엔진 단독 주행 중 고전압 배터리의 충전량이 기준치 이하일 경우 구동 모터를 이용하여 충전하고, EV 모드 주행 시 고전압 배터리 잔량이 기준치 이하로 떨어지면 HSG로 엔진을 구동후 HSG를 이용하여 고전압 배터리를 충전하며 회생제동 시에는 차량의 운동 에너지를 전기 에너지로 변환하여 충전하며 12V 배터리는 LDC(Low DC-DC Converter)라는 고전압 배터리의 전압을 저전압 12V로 변환시키는 장치를 이용하여 12V 배터리를 충전한다.

정답 05.③

06 하이브리드 전기 자동차의 특징 중 장점에 속하지 않은 것은?

① 구성부품의 값이 싸고 정비작업이 단순하다.
② 연료소비율을 50% 정도 감소시킬 수 있고 환경 친화적이다.
③ 탄화수소, 일산화탄소, 질소산화물의 배출량이 90% 정도 감소된다.
④ 이산화탄소 배출량이 50% 정도 감소된다.

정답 유추 이론

■ 하이브리드 자동차의 장점
　① 연료 소비율을 50%정도 감소시킬 수 있고 환경 친화적이다.
　② 탄화수소, 일산화탄소, 질소산화물의 배출량이90% 정도 감소된다.
　③ 이산화탄소 배출량이 50% 정도 감소된다.
　④ 엔진의 효율을 증대시킬 수 있다.
■ 하이브리드 자동차의 단점
　⑤ 구성부품의 값이 고가이고 정비작업이 복잡하다.

정답 06.①

07 하이브리드 전기 자동차에서 두 개의 동력원이 공통으로 사용되는 동력 전달 장치를 거쳐 각각 독립적으로 구동축을 구동시키는 방식의 구조를 갖는 하이브리드 자동차의 동력 전달구조에 따른 분류에 맞는 것은?

① 직렬형
② 병렬형
③ 동력분기형
④ 복합형

정답 유추 이론

KS R 0121에 의한 동력 전달구조에 따른 분류에서 병렬형 HV(parallel HV)에 대한 설명이다.

정답 07.②

08 하이브리드 전기 자동차 용어(KS R 0121)에 의안 하이브리드 정도에 따른 분류가 아닌 것은?

① 마일드 하이브리드 자동차
② 복합형 하이브리드 자동차
③ 스트롱 하이브리드 자동차
④ 풀 하이브리드 자동차

정답 유추 이론

■ **KS R 012l에 의한 하이브리드 자동차 정도에 따른 분류**
① 마일드 HV(mild HV), 소프트 HV(soft HV) : 하이브리드 차량의 두 동력원이 서로 대등하기 않으며 보조 동력원이 주 동력원의 추진 구동력에 보조적인 역할만을 수행하는 것으로 대부분의 경우 보조 동력원만으로는 차량을 구동시키기 어려운 하이브리드 자동차.
② 스트롱 HV(strong HV), 하드 HV(hard HV) : 하이브리드 차량의 두 동력원이 서로 대등한 비율로 차량 구동에 기능하는 것으로 대부분의 경우 두 동력원 중 한 동력만으로도 차량 구동이 가능한 하이브리드 자동차.
③ 풀 HV(Full HV) : 모터가 전장품 구동을 위해 작동하고 주행중 엔진을 보조하는 기능 외에 전기 자동차 모드로드 구현할 수 있는 하이브리드 자동차.

정답 08.②

09 하이브리드 전기 자동차의 동력 전달 방식에 해당하지 않는 것은?

① 직렬형   ② 수직형

③ 병렬형   ④ 직·병 렬형

정답 유추 이론

HEV 엔진과 모터의 연결방식(동력 전달 방식)에 따라 직렬형(series type)과 병렬형(parallel type) 및 직·병렬형(series-parallel type)으로 구분한다.

정답 09.②

10 하이브리드 정도 분류에 따른 시스템에 대한 설명 중 틀린 것은?

① 소프트 타입은 순수 EV(전기차) 주행모드가 없다.

② 하드 타입은 소프트 타입에 비해 연비가 향상 된다.

③ 직렬형 하이브리드는 소프트 타입과 하드 타입으로 분류한다.

④ 플러그인 타입은 외부 전원을 이용하여 배터리를 충전한다.

정답 유추 이론

■ 하이브리드 시스템

① 하이브리드 자동차는 소프트 타입(soft type)과 하드 타입(hard type), 플러그-인 타입(plug-in type)으로 구분된다.

② 소프트 타입은 변속기와 구동 모터사이에 클러치를 두고 제어하는 FMED(Flywheel mounted Electric Device) 방식이며, 전기 자동차(EV) 주행 모드가 없다.

③ 하드 타입은 엔진과 구동 모터사이에 클러치를 설치하여 제어하는 TMED(Transmission Mounted Electric Device) 방식으로, 저속운전 영역에서는 구동 모터로 주행하며, 또 구동 모터로 주행 중 엔진 시동을 위한 별도의 시동 발전기(Hybrid Starter Generator)가 장착되어 있다.

④ 플러그-인 하이브리드 타입은 전기 자동차의 주행 능력을 확대한 방식으로 배터리의 용량이 보다 커지게 된다. 또 가정용 전기 등 외부 전원을 사용하여 배터리를 충전할 수 있다.

⑤ 직렬형은 순수 EV모드가 없는 소프트 타입을 말하며, 병렬형은 EV모드 단독주행이 가능한 하드 타입을 말한다.

정답 10.③

11 하이브리드 전기 자동차의 특징이 아닌 것은?

① 회생 제동 기능이 있다.
② 2개의 동력원으로 주행이 가능하다.
③ 저전압 배터리와 고전압 배터리를 사용한다.
④ 고전압 배터리 충전을 위해 LDC 장치를 사용한다.

정답 유추 이론

LDC(Low DC-DC Converter)는 고전압 배터리의 전압을 12V로 변환시키는 장치로 저전압 배터리를 충전시키는 장치이다.

정답 11.④

12 직렬형 하이브리드 전기 자동차의 특징에 대한 설명으로 틀린 것은?

① 엔진, 발전기, 전동기가 직렬로 연결된다.
② 모터의 구동력만으로 차량을 주행시키는 방식이다.
③ 병렬형보다 에너지 효율이 비교적 높다.
④ 엔진을 가동하여 얻은 전기를 배터리에 저장하는 방식이다.

정답 유추 이론

직렬형 하이브리드 자동차는 엔진에서 발생한 전기를 배터리에 저장한 다음, 다시 전기로 모터를 구동하므로 병렬형보다 에너지 효율이 낮다.

■ **직렬형 하이브리드 자동차의 특징**
  ① 엔진을 가동하여 얻은 전기를 배터리에 저장한다.
  ② 모터의 구동력만으로 차량을 구동하는 방식이다.
  ③ 엔진, 발전기, 전동기가 직렬로 연결된다.
  ④ 모터에 공급하는 전기를 저장하는 배터리가 설치되어 있다.

정답 12.③

13 직렬형 하이브리드 전기 자동차에 관한 설명이다. 설명이 잘못된 것은?

① 엔진, 발전기, 모터가 직렬로 연결된 형식이다.

② 순수하게 엔진의 구동력만으로 자동차를 주행시키는 형식이다.

③ 제어가 비교적 간단하고, 배기가스 특성이 우수하며, 별도의 변속장치가 필요 없다.

④ 엔진을 항상 최적의 시점에서 작동시키면서 발전기를 이용해 전력을 모터에 공급한다.

정답 유추 이론

■ **직렬형 하이브리드의 특징**
① 엔진의 작동 영역을 주행 상황과 분리하여 운영이 가능하다.
② 엔진의 작동 효율이 향상된다.
③ 엔진의 작동 비중이 줄어들어 배기가스의 저감에 유리하다.
④ 전기 자동차의 기술을 적용할 수 있다.
⑤ 연료 전지의 하이브리드 기술 개발에 이용하기 쉽다.
⑥ 구조 및 제어가 병렬형에 비해 간단하며 특별한 변속장치를 필요하지 않는다.
⑦ 엔진에서 모터로의 에너지 변환 손실이 크다.
⑧ 주행 성능을 만족시킬 수 있는 효율이 높은 전동기가 필요하다.
⑨ 출력 대비 자동차의 무게 비가 높은 편으로 가속성능이 낮다.
⑩ 동력전달 장치의 구조가 크게 바뀌므로 기존의 자동차에 적용하기는 어렵다.

정답 13.②

14 마일드(mild) 하이브리드 자동차의 구동 모터(electric motor) 기능으로 틀린 것은?

① 기관의 시동

② 전력의 발전

③ 가속 시 기관의 회전 토크 지원

④ 전기에너지를 이용한 장거리 주행

정답 유추 이론

마일드(mild) 하이브리드 자동차는 엔진 동력을 기본으로 모터는 보조만 하며, 모터만으로 단독 구동은 불가능한 자동차이다. 구동 모터(electric motor)는 엔진을 시동하고 가속 시 회전 토크를 지원해, 모터 인버터를 통해 회생제동에 의해 전력을 발전시켜 에너지를 저장한다.

정답 14.④

15 일반적인 직렬형 하이브리드 전기 자동차의 동력 전달 과정으로 옳은 것은?

① 엔진 → 전동기 → 변속기 → 축전지 → 발전기 → 구동 바퀴
② 엔진 → 변속기 → 발전기 → 축전지 → 전동기 → 전동 바퀴
③ 엔진 → 발전기 → 축전지 → 전동기 → 변속기 → 구동 바퀴
④ 엔진 → 축전지 → 변속기 → 발전기 → 전동기 → 구동 바퀴

정답 유추 이론

직렬형 하이브리드(series hybrid) 자동차는 엔진을 구동하여 발전기에서 발생한 전기를 배터리에 저장한 다음, 다시 배터리 전기로 모터(전동기)를 구동하여 변속기를 거쳐 바퀴를 구동한다.

정답 15.③

16 하이브리드 자동차에서 변속기 앞뒤에 엔진 및 전동기를 병렬로 배치하여 주행상황에 따라 최적의 성능과 효율을 발휘할 수 있도록 자동차 구동에 필요한 동력을 엔진과 전동기에 적절하게 분배하는 형식은?

① 복합형   ② 직렬형
③ 교류형   ④ 병렬형

정답 유추 이론

복합형은 변속기 앞뒤에 엔진 및 전동기를 병렬로 배치하여 주행상황에 따라 최적의 성능과 효율을 발휘할 수 있도록 자동차 구동에 필요한 동력을 엔진과 전동기에 적절하게 분배하는 형식이다.

정답 16.④

17 병렬형 하이브리드 전기 자동차의 특징을 설명한 것으로 틀린 것은?

① 모터는 동력 보조만 하므로 에너지 변환 손실이 적다.
② 소프트 방식은 일반 주행 시에는 모터 구동만을 이용한다.
③ 하드 방식은 EV 주행 중 엔진 시동을 위해 별도의 장치가 필요하다.
④ 기존 내연기관 차량을 구동장치의 변경 없이 활용할 수 있다.

정답 유추 이론

①, ④항이 병렬형 하이브리드 자동차에 대한 옳은 설명이고, 하드 방식은 EV 주행 중 엔진 시동을 위해 별도의 장치인 HSG가 필요하다.
소프트 하이브리드 자동차는 모터가 플라이휠에 설치되어 있는 FMED(fly wheel mounted electric device)형식으로 변속기와 모터사이에 클러치를 설치하여 제어하는 방식이다. 출발을 할 때는 엔진과 모터를 동시에 사용하고, 부하가 적은 평지에서는 엔진의 동력만을 이용하며, 가속 및 등판주행과 같이 큰 출력이 요구되는 경우에는 엔진과 모터를 동시에 사용한다.
따라서 소프트 방식은 엔진이 작동되어야 주행이 가능한 방식으로 일반 주행 시에 엔진으로 구동하고 모터 단독으로는 구동이 안되는 방식이다.

정답 17.②

18 병렬형 하이브리드 전기 자동차의 특징이 아닌 것은?

① 동력전달 장치의 구조와 제어가 간단하다.
② 엔진과 전동기의 힘을 합한 큰 동력 성능이 필요할 때 전동기를 구동한다.
③ 기존 자동차의 구조를 이용할 수 있어 제조비용 측면에서 직렬형에 비해 유리하다.
④ 엔진의 출력이 운전자가 요구하는 이상으로 발휘될 때에는 여유동력으로 전동기를 구동시켜 전기를 배터리에 저장한다.

정답 유추 이론

■ 병렬형 하이브리드 자동차의 특징
① 동력전달 장치의 구조와 제어가 복잡한 결점이 있다.
② 엔진과 전동기의 힘을 합한 큰 동력 성능이 필요할 때 전동기를 구동한다.
③ 기존 자동차의 구조를 이용할 수 있어 제조비용 측면에서 직렬형에 비해 유리하다.
④ 엔진의 출력이 운전자가 요구하는 이상으로 발휘될 때에는 여유동력으로 전동기를 구동시켜 전기를 배터리에 저장한다.

정답 18.①

19 하이브리드 전기 자동차(HEV)에 대한 설명으로 거리가 먼 것은?

① FMED(Flywheel Mounted Electric Device) 방식은 모터가 엔진 측에 장착되어 있다.

② TMED(Transmission Mounted Electric Device) 방식은 모터가 변속기 측에 장착되어 있다.

③ 병렬형(Parallel)은 엔진과 변속기가 기계적으로 연결되어 있다.

④ 병렬형(Parallel)은 구동용 모터 용량을 크게 할 수 있는 장점이 있다.

정답 유추 이론

하이브리드 자동차에서 병렬형(Parallel)이란 모터의 동력 흐름과 엔진의 동력 흐름이 별도로(병렬로) 되어 있어 동력을 함께 사용하거나 한 가지만 선택하여 사용할 수 있는 방식이다. 병렬형은 엔진과 변속기가 기계적으로 연결되어 변속기가 필요하고, 구동용 모터 용량을 작게 할 수 있는 장점이 있다.

■ **병렬형 하이브리드의 장점 및 단점**
(1) 장점
   ① 기존의 내연기관의 차량을 구동장치 변경 없이 활용이 가능하다.
   ② 모터는 동력보조로 사용되므로 에너지 손실이 적다.
   ③ 저성능 모터, 저용량 배터리로도 구현이 가능하다.
   ④ 전체적으로 효율이 직렬형에 비해 우수하다.
(2) 단점
   ① 차량의 상태에 따라 엔진, 모터의 작동점 최적화 과정이 필수적이다.
   ② 유단 변속 기구를 사용할 경우 엔진의 작동 영역이 주행상황에 따라 변경된다.

정답 19.④

20 병렬형(Parallel) TMED(Transmission Mounted Electric Device) 방식의 하이브리드 자동차(HEV)에 대한 설명으로 틀린 것은?

① 모터가 엔진과 연결되어 있다.
② 모터와 변속기가 직결되어 있다.
③ 주행 중 엔진 시동을 위한 HSG가 있다.
④ 모터 단독 구동이 가능하다.

정답 유추 이론

병렬형 TMED 방식의 HEV는 모터와 변속기가 직결되어 있고, 모터 단독 구동이 가능하며, 주행 중 엔진 시동을 위한 HSG(Hybrid Starter Generator : 엔진의 크랭크축 풀리와 벨트로 연결되어 연동되며 엔진을 시동 할 때에는 시동 전동기로 발전을 할 경우에는 발전기로 작동하는 장치)가 있다.
엔진 단독 구동 시에는 엔진 클러치를 연결하여 변속기에 동력을 전달한다.

정답 20.①

21 병렬형 하드 타입 하이브리드 전기 자동차에 대한 설명으로 옳은 것은?

① 구동 모터는 순수 전기 모터로도 주행이 가능하다.
② 배터리 충전은 엔진이 구동시키는 발전기로만 가능하다.
③ 구동 모터가 플라이휠에 장착되고 변속기 앞에 엔진 클러치가 있다.
④ 엔진과 변속기 사이에 구동 모터가 있는데 모터만으로는 주행이 불가능하다.

정답 유추 이론

병렬형 하드 타입 하이브리드 자동치는 모터의 동력 흐름과 엔진의 동력 흐름이 별도로(병렬로) 되어 있어 동력을 함께 사용하거나 한 가지만 선택하여 사용할 수 있는 방식이다. 따라서, 구동 모터는 엔진의 동력보조 뿐만 아니라 순수 전기 모터로도 단독주행이 가능하다.
병렬형 하드 타입의 하이브리드 자동차는 엔진, 구동 모터, 발전기의 동력을 분할 및 통합하는 장치가 필요하므로 구조가 복잡하지만 회생제동 효과가 커 연료소비율은 우수하지만, 큰 용량의 배터리와 구동 모터 및 2개 이상의 모터 제어장치가 필요하므로 소프트 방식의 하이브리드 자동차에 비해 부품의 비용이 1.5~2.0배 이상 소요된다.

정답 21.①

22 병렬형은 주행조건에 따라 엔진과 모터가 주행 상황에 따른 동력원을 변경할 수 있는 시스템으로 동력전달 방식을 다양화 할 수 있는 데 다음 중 이에 따른 구동방식에 속하지 않는 것은?

① 플렉시블 방식
② 플러그인 방식
③ 마일드 방식
④ 하드 방식

> ### 정답 유추 이론
>
> 병렬형 하이브리드 자동차의 구동방식에는 소프트(마일드)방식, 하드방식, 플러그인 방식 등 3가지가 있다.

정답 22.①

23 병렬형(Parallel) TMED(Transmission Mounted Electric Device) 방식의 하이브리드 전기 자동차(HEV)의 주행 패턴에 대한 설명으로 틀린 것은?

① 엔진 OFF시 에는 EOP(Electric Oil Pump)를 작동해 자동변속기 구동에 필요한 유압을 만든다.
② HEV 주행모드로 전환할 때 엔진 회전속도를 느리게 하여 HEV모터 회전속도와 동기화 되도록 한다.
③ 엔진 단독 구동 시에는 엔진 클러치를 연결하여 변속기에 동력을 전달한다.
④ EV 모드주행중 HEV 주행모드로 전환할 때 엔진 동력을 연결하는 순간 쇼크가 발생할 수 있다.

> ### 정답 유추 이론
>
> ①, ③, ④은 병렬형 TMED 방식의 하이브리드 자동차(HEV)의 주행 패턴에 대한 옳은 설명이며, 동기화는 2개의 개체가 동일한 작동 상태가 되는 것으로 엔진의 회전속도와 HEV 모터의 회전속도가 같아야 동기화가 된다.
> TMED 방식은 HEV 단독 주행이 가능한 하드 타입으로서 모터와 변속기가 직결되어 있으므로 엔진 회전속도와 모터 회전속도는 관련이 없다.

정답 23.②

24 TMED(Transmission Mounted Electric Device) 방식의 병렬형(Parallel) 하이브리드 자동차에서 HSG(Hybrid Starter Generator)의 기능에 대한 설명 중 틀린 것은?

① 엔진 시동과 발전 기능을 수행한다.
② EV 모드에서 HEV(Hybrid Electronic Vehicle) 모드로 전환 시 엔진을 시동한다.
③ 소프트 랜딩(soft landing) 제어로 시동 ON 시 엔진 진동을 최소화하기 위해 엔진 회전수를 제어한다.
④ 감속 시 발생하는 운동에너지를 전기에너지로 전환하여 배터리를 충전한다.

정답 유추 이론

HSG는 엔진의 크랭크축과 연동되어 EV(전기자동차) 모드에서 HEV 모드로 전환할 때 엔진을 시동하는 시동 전동기로 작동하고, 발전을 할 경우에는 발전기로 작동하는 장치이며, 엔진 시동 OFF 시 소프트 랜딩(soft landing) 제어로 엔진 진동을 최소화 하기 위해 엔진 회전수를 제어한다.
주행 중 감속할 때 발생 하는 운동에너지를 전기에너지로 전환하여 배터리를 충전하는 것은 구동 모터가 한다.

정답 24.③

25 병렬형(Parallel) TMED(Transmission Mounted Electric Device) 방식의 하이브리드 자동차의 HSG(Hybrid Starter Generator)에 대한 설명 중 틀린 것은?

① 엔진 시동 기능과 발전 기능을 수행한다.
② 감속 시 발생되는 운동에너지를 전기에너지로 전환하여 배터리를 충전한다.
③ EV 모드에서 HEV(Hybrid Electric Vehicle) 모드로 전환 시 엔진을 시동한다.
④ 소프트 랜딩(Soft Landing) 제어로 시동 OFF 시 엔진 진동을 최소화하기 위해 엔진 회전수를 제어한다.

정답 유추 이론

■ HSG(Hybrid Sarter Generator)의 역할
① 시동제어 : 엔진시동 기능과 발전기능을 수행한다.
② 엔진속도 제어 : EV 모드에서 HEV 모도로 전환 시 엔진을 시동한다.
③ 소프트 랜딩(Soft Landing) 제어 : 시동 OFF시 발생되는 진동은 HSG에 부하를 걸어 엔진진동을 최소화한다,
④ 발전제어 : 김속 시 발생되는 운동에너지를 전기에너지로 전환하여 배터리를 충전한다.

정답 25.④

26 하이브리드 자동차에 사용되는 내연기관으로 적절한 것은?

① 밀러 사이클 엔진　　　　　② 오토 사이클 엔진
③ 사바테 사이클 엔진　　　　④ 하이브리드 사이클 엔진

정답 유추 이론

밀러(엣키슨) 사이클 엔진은 저 압축 고 팽창 엔진으로 하이브리드 자동차에 많이 사용된다.

정답 26.①

27 자동차 복합에너지 소비효율(km/L)에 따른 등급 부여 기준에서 2등급의 범위는?
(단, 경영 및 플러그인 하이브리드, 전기, 수소연료전지 자동차는 제외한다.)

① 11.5 ～ 9.4 km/L
② 13.7 ～ 11.6 km/L
③ 15.9 ～ 13.8 km/L
④ 20.0 ～ 16.0 km/L

정답 유추 이론

■ 복합에너지 소비효율(km/L)에 따른 등급 분류

연비	1 등급	2 등급	3 등급	4 등급	5 등급
단위(Km/L)	16.0 이상	15.9 ～ 13.8	13.7 ～ 11.6	11.5 ～ 9.4	9.3 이하

정답 27.③

28 직·병렬형 하드타입(hard type) 하이브리드 자동차에서 엔진 시동 기능과 공전상태에서 충전기능을 하는 장치는?

① MCU(motor control unit)
② PRA(power relay assemble)
③ LDC(low DC–C converter)
④ HSG(hybrid starter generator)

정답 유추 이론

HSG는 엔진의 크랭크축 풀리와 구동 벨트로 연결되어 있으며, 엔진의 시동과 발전 기능을 수행한다. 즉 고전압 배터리의 충전상태(SOC : state of charge)가 기준 값 이하로 저하될 경우 엔진을 강제로 시동하여 발전을 한다.

정답 28.④

29 하이브리드 전기 자동차 용어(KS R 0121)에서 충전시켜 여러 번 쓸 수 있는 전지를 의미하는 것은?

① 1차 전지
② 2차 전지
③ 3차 전지
④ 4차 전지

정답 유추 이론

KS R 0121에 의한 에너지 저장시스템 용어에서 2차 전지(rechargeable battery)란 충전시켜 다시 쓸 수 있는 전지로, 납산 축전지, 알칼리 축전지, 기체 전지, 리튬 이온 전지, 니켈-수소전지, 나켈-카드뮴 전지, 폴리머 전지 등이 있다.

정답 29.②

30 하이브리드 전기 자동차에 사용되는 배터리 중에서 에너지 밀도가 가장 높은 것은?

① Ni-Cd (니켈-카드뮴) 배터리
② Ni-MH (니켈-메탈 수소) 배터리
③ Lithium-ion (리튬-이온) 배터리
④ Lithium-Polymer (리튬-폴리머) 배터리

정답 유추 이론

■ 2차전지 에너지 밀도

종류	납	니켈-카드뮴	니켈-수소	리튬-이온	리튬이온-폴리머
에너지 밀도 (Wh/Kg)	35	50 ~ 60	60 ~ 80	90 ~ 120	180 ~ 200

정답 30.④

31 하이브리드 전기 자동차에 사용하는 2차전지 중 자기방전이 없고 에너지 밀도가 높으며, 전해질이 겔 타입으로 내 진동성이 우수한 전지는?

① 리튬이온 폴리머 배터리(Li-Pb Battery) ② 니켈수소 배터리(Ni–MH Battery)
③ 니켈카드뮴 배터리(Ni–Cd Battery) ④ 리튬이온 배터리(Li–ion Battery)

정답 유추 이론

하이브리드 자동차에 적용되는 리튬이온 폴리머 배터리(Li-Pb battery)는 자체 방전이 매우 낮고 에너지 밀도가 높으며, 전해질이 고체이기 때문에 누수의 염려가 없어 안전하고 내진동성이 우수하며, 휘발성 용매를 사용하지 않기 때문에 폭발 위험성이 적다. 리튬이온-폴리머 배터리도 리튬이온 배터리의 일종이다. 리튬이온 배터리와 마찬가지로 양극 전극은 리튬 금속 산화물이고 음극은 대부분 흑연이다. 액체 상태의 전해액 대신에 고분자 전해질을 사용하는 점이 다르다. 전해질은 고분자를 기반으로 하며, 고체에서 겔(gel) 형태까지의 얇은 막 형태로 생산된다. 고분자 전해질 또는 고분자 겔(gell) 전해질을 사용하는 리튬-폴리머 배터리에서는 전해액의 누설 염려가 없으며 구성 재료의 부식도 적다.

전해질은 이온 전도성이 높고, 전기 화학적으로 안정되어 있어야 하며, 전해질과 활성물질 사이에 양호한 계면을 형성해야 하고, 열적 안정성이 우수하고, 환경부하가 적으며, 취급이 쉽고, 가격이 싸야 한다.

■ **2차전지의 종류별 특징**

구분	용량	자연 방전	메모리 효과	특 징
니켈–카드뮴	작다	많다	많다	– 급속 충·방전에 유리 – 전류를 충분히 소모시킨 후에 완전 재충전해야함 – 전기·기계적으로 튼튼하여 수명이 길고, 안정함 – 튜브식의 경우 수명이 가장 길고 완방전용에 적합함 – 포켓식은 두꺼운 형과 얇은 형이 있는데 완 방전용과 급 방전용의 양쪽에 사용됨.
니켈–수소	크다	보통	보통 (약간 있다)	– 저렴한 가격 – 전압이 니켈 카드뮴 전지와 동일해 호환성이 있음 – 급속 충·방전이 가능하고 저온특성이 우수함 – 밀폐화가 가능하여 과충전 및 과방전에 강함 – 공해물질이 거의 없음
리튬–이온	크다	거의 없다	없다	– 폭발사고 위험 존재 – 저온 방전 가능성 적음 – 전압이 높음 –2차 전지 시장의 대부분을 차지함 – 가벼운 무게 – 역충전의 위험에 노출
리튬–폴리머	크다	거의 없다	거의 없다	– 액체 전해질 대신 고분자 전해질을 사용해 이온 전도도와 안정성이 높음. – 유연성이 높고 종이처럼 얇고 가벼워서 형상을 다양하게 설계할 수 있음. – 전해질이 반고체 상태인 젤이기 때문에 폭발의 위험이 없음. – 과충전, 과역, 찌그러짐은 파열, 화재 등 치명적 고장초래

정답 31.①

32 Ni-Cd 배터리에서 일부만 방전된 상태에서 다시 충전하게 되면 추가로 충전한 용량이상의 전기를 사용할 수 없게 되는 현상은?

① 자기방전 현상
② 자연방전 현상
③ 설페이션 현상
④ 메모리 효과 현상

정답 유추 이론

메모리 효과란 Ni-Cd 배터리에서 일부만 방전된 상태에서 다시 충전하게 되면 추가로 충전한 용량 이상의 전기를 사용할 수 없게 되는 현상이다.
  ① 자연방전 : 사용하지 않아도 시간이 지나면 방전되는 현상
  ② 메모리 효과 : 완전 방전되지 않은 상태에서 충전을 반복하면 최대 충전 용량이 줄어드는 현상

정답 32.④

33 HEV(Hybrid Electric Vehicle)용 리튬이온 폴리머 2차전지에 대한 설명으로 틀린 것은?

① 셀 당 전압은 약 3.75V이다.
② 충전 시 충전상태가 100%를 넘지 않도록 한다.
③ 충전상태가 0%이면 배터리 전압은 0V이다.
④ 평상시 배터리 충전상태는 BMS에 의해 약 55~65%로 제어된다.

정답 유추 이론

①, ②, ④항이 리튬이온 폴리머 2차 전지에 대한 설명이며, HEV용 배터리의 경우 SOC가 0이면 200V, SOC가 100이면 310V이다.
리튬이온 폴리머 2차 전지의 셀당 전압은 약 3.75V이며, 2V 이하로 방전 시에 열화가 진행되고 과충전 시(배터리 셀 전압이 5V 이상) 화학적 분해 반응을 통해 발열 및 가스 발생의 원인이 되므로 충전 시 충전상태가 100%를 넘지 않도록 하여야 하며 평상시 배터리 충전 상태는 BMS에 의해 고전압 배터리가 최적의 효율을 낼 수 있는 약 55~65%로 제어된다.

정답 33.③

34 플러그인 하이브리드 전기 자동차에서 메인 배터리는 9개의 모듈로 구성되어 있고, 서브 배터리는 7개의 모듈로 구성되어 있으며 1개의 모듈은 6개의 셀로 구성되어 있다. PRA가 ON일 때 MCU로 공급되는 전압은? (단, 셀 전압은 3.75V이다.)

① 270V

② 290V

③ 340V

④ 360V

정답 유추 이론

하이브리드 자동차에 사용되는 리튬-이온 폴리머 배터리의 최소 단위는 셀(cell)이다.
6개의 셀을 1 모듈로 하고, 16개 모듈이 있으므로,
배터리 전압 = 모듈 수 × 셀의 수 × 셀 전압
배터리 전압 = 16 × 6 × 3.75V = 360V

정답 34.④

35 하이브리드 전기 자동차의 구동 모터 작동을 위한 전기 에너지를 공급 또는 저장하는 기능을 담당 하는 것은?

① 보조 배터리

② 변속기 제어기

③ 고전압 배터리

④ 인버터 제어기

정답 유추 이론

하이브리드 전기 자동차의 구동 모터 작동을 위한 전기 에너지를 공급 또는 저장하는 기능을 담당하는 것은 고전압 배터리이다.

정답 35.③

36 하이브리드 전기 자동차에서 고전압 배터리의 충전 상태를 표현한 것은?

① BMS (Battery Management System)

② LDC (Low DC–DC Converter)

③ PRA (Power Relay Assemble)

④ SOC (State Of Charge)

정답 유추 이론

① BMS(Battery Management System) : 고전압 배터리의 SOC(State Of Charge), 출력, 고장 진단, 배터리 셀 밸런싱(Cell Balancing), 시스템 냉각, 전원 공급 및 차단을 제어한다.

② LDC(Low DC-DC Converter) : 고전압 배터리의 DC 전원을 차량의 전장용에 적합한 낮은 전압의 DC 전원(저전압)으로 변환하는 시스템이다.

③ PRA(Power Relay Assemble) : BMU의 제어신호에 의해 고전압 배터리 팩과 고전압 조인트박스 사이의 DC 360V 고전압을 ON, OFF 및 제어 하는 역할을 한다.

④ SOC(State Of Charge) : SOC(배터리 충전율)는 배터리의 사용 가능한 에너지를 표시한다.

정답 36.④

37 하이브리드 자동차와 관련하여 배터리 팩이나 시스템에서의 유효한 용량으로 정격용량의 백분율로 표시한 것은?

① SOC (State Of Charge)

② PRA (Power Relay Assembly)

③ LDC (Low DC – DC Conver ter)

④ BMS (Battery Management System)

정답 유추 이론

SOC(State of Charge)란 고전압 배터리에서 사용 가능한 에너지, 즉 배터리 정격용량 대비 방전 가능한 전류량의 백분율을 말한다. (SOC = 잔존 배터리 용량/정격용량)

정답 37.①

38 하이브리드 자동차 고전압 배터리 충전상태(SOC)의 일반적인 제한 영역은?

① 20~80%
② 55~85%
③ 86~110%
④ 110~140%

정답 유추 이론

하이브리드 자동차의 고전압 배터리 충전상태(SOC)는 최대 제한영역이 최소 20%에서 최대 80%이내이며, 평상시에는 SOC영역이 55%~65%범위를 벗어나지 않게 해야 한다.

정답 38.①

39 하이브리드 자동차에서 하이브리드 모터 작동을 위한 전기 에너지를 공급하는 것은?

① 감속기
② 변속기
③ 고전압 배터리
④ 보조 배터리

정답 유추 이론

고전압 배터리는 고출력 하이브리드 모터에 에너지를 공급 및 충전함으로써 EV 및 HEV 모드 주행에 필요한 에너지 저장 및 공급 역할을 한다.

정답 39.③

40 하이브리드 전기 자동차에서 고전압 배터리의 충·방전 과정에서 배터리 셀의 전압 편차가 발생하지 않도록 모든 셀을 동일 전압이 되도록 제어하는 방법은?

① 충전 상태 제어
② 파워 제한 제어
③ 셀 밸런싱 제어
④ 고전압 전압 제어

정답 유추 이론

하이브리드 전기 자동차에서 개별 셀의 충전상태 및 전압 편차가 생긴 셀을 동일한 전압으로 매칭하여 배터리 수명과 에너지 용량 및 효율 증대를 갖게 제어하는 것을 셀 밸런싱 제어라 한다.

정답 40.③

41 하이브리드 전기 자동차에 사용하는 리튬-이온 폴리머 배터리 셀의 균형이 깨져 셀의 충전 및 용량 불일치로 인한 성능 저하를 방지하기 위한 제어방법으로 옳은 것은?

① 셀 그립 제어
② 셀 서지 제어
③ 셀 펑션 제어
④ 셀 밸런싱 제어

정답 유추 이론

하이브리드 전기 자동차에 적용되는 리튬-이온 폴리머 배터리의 충·방전 과정에서 발생할 수 있는 전압 편차가 생겨 셀의 균형이 깨지고 셀 충전 및 용량 불일치로 인한 사항을 방지하기 위하여 각각의 셀을 제어하는 것은 셀 밸런싱 제어라 한다.
셀 밸런싱 제어는 고전압 배터리 수명과 에너지 용량 및 효율 증대를 이루는 것이다.

정답 41.④

42 하이브리드 전기 자동차의 고전압 배터리 관리시스템(BMS)에서 셀 밸런싱을 하는 목적으로 옳은 것은?

① 배터리의 적정 온도 유지
② 주행모드에 따른 입·출력 에너지 제한
③ 고전압 배터리 수명 및 에너지 효율 증대
④ 고전압 배터리 이상에 의한 안전사고 예방

정답 유추 이론

고전압 배터리 셀 밸런싱 제어의 목적은 개별 셀의 충전상태 및 전압 편차가 생긴 셀을 동일 전압으로 제어하여 고전압 배터리의 수명 및 에너지 효율을 증대시키기 위함이다.

정답 42.③

43 고전압 배터리의 충·방전 과정에서 셀 간에 전압 편차가 발생하지 않도록 BMS에서 동일한 전압으로 관리하여 배터리 수명과 에너지 효율증대를 갖게 하는 제어방법은?

① 고전압 배터리 충·방전 제어
② 고전압 배터리 셀 온도 제어
③ 고전압 배터리 셀 밸런싱 제어
④ 고전압 배터리 셀간 전압·전류 제어

정답 유추 이론

하이브리드 전기 자동차에 적용되는 리튬-이온 폴리머 배터리의 충·방전 과정에서 발생할 수 있는 전압 편차가 생겨 셀의 균형이 깨지고 셀 충전 및 용량 불일치로 인한 사항을 방지하기 위하여 각각의 셀을 제어하는 것은 셀 밸런싱 제어라 한다.
셀 밸런싱 제어는 고전압 배터리 수명과 에너지 용량 및 효율증대를 이루는 것이다.

정답 43.③

44 하이브리드 전기 자동차의 고전압 배터리 셀 밸런싱을 제어하는 장치는?

① MCU (Motor Control Unit)
② LDC (Low DC–C Convertor)
③ HCU (Hybrid control unit)
④ BMS (Battery Management System)

정답 유추 이론

BMS(Battery Management System)는 고전압 배터리의 SOC(State Of Charge), 출력, 고장 진단, 배터리 셀 밸런싱(Cell Balancing), 시스템 냉각, 전원 공급 및 차단을 제어한다.

정답 44.④

45 하이브리드 자동차에서 배터리 시스템의 열적, 전기적 기능을 제어 또는 관리하고 배터리 시스템과 다른 차량 제어기와의 사이에서 통신을 제공하는 전자장치는?

① SOC(State Of Charge)
② HCU(Hybrid Control Unit)
③ HEV(Hybrid Electric Vehicle)
④ BMS(Battery Management System)

정답 유추 이론

BMS(Battery Management System)는 고전압 배터리 시스템의 열적, 전기적 기능을 제어 또는 관리하고 배터리 시스템과 다른 차량 제어기와의 사이에서 통신(HCU 또는 MCU)을 제공하며, SOC 추정, 파워 제한, 냉각 제어, 릴레이 제어, 셀 밸런싱, 고장진단 등을 수행한다.

정답 45.④

46 하이브리드 시스템의 제어장치 중 컴퓨터의 종류로 틀린 것은?

① 통합 제어 유닛(Hybrid control unit)
② 모터 컨트롤 유닛(Motor control unit)
③ 배터리 컨트롤 유닛(Battery control unit)
④ 하이드로릭 컨트롤 유닛(Hydraulic control unit)

정답 유추 이론

하이브리드 시스템을 제어하는 컴퓨터는 모터 컨트롤 유닛(MCU), 통합 제어 유닛(HCU), 배터리 컨트롤 유닛(BCU)이다.
하이드로릭 컨트롤 유닛은 ABS 시스템을 제어하는 컴퓨터이다.

정답 46.④

47 하이브리드 전기자동차에서 고전압 배터리 관리시스템(BMS)의 주요 제어 기능으로 틀린 것은?

① 구동 모터 제어
② 냉각 모터 제어
③ 배터리 출력 제한
④ 배터리 SOC 제어

정답 유추 이론

하이브리드 자동차(HEV)의 BMS는 SOC 추정(충전상태 제어), 파워(출력) 제한, 냉각 제어, 릴레이 제어, 셀 밸런싱, 고장진단 등을 수행한다.

정답 47.①

48 하이브리드 전기자동차 배터리 관리시스템(BMS)의 역할로서 틀린 것은?

① 배터리 충전제어
② 배터리 파워 제한기능
③ 배터리 등화장치 제어
④ 배터리 냉각시스템 제어

정답 유추 이론

하이브리드 자동차(HEV)의 BMS는 SOC 추정(충전상태 제어), 파워(출력)제한, 냉각 제어, 릴레이제어, 셀 밸런싱, 고장진단 등을 수행한다.

정답 48.③

49 하이브리드 전기자동차에서 고전압 배터리 제어기(Battery Management System)의 역할 설명으로 틀린 것은?

① 승온 히터 릴레이 제어
② 프리차저 릴레이 제어
③ 메인 릴레이 제어
④ 유압펌프 릴레이 제어

정답 유추 이론

하이브리드 자동차(HEV)의 BMS는 SOC 추정(충전상태 제어), 파워(출력)제한, 냉각 제어, 릴레이제어, 셀 밸런싱, 고장진단 등을 수행한다.
컨트롤 릴레이는 엔진 ECU 및 연료펌프, 인젝터, AFS 등에 전원을 공급하는 역할을 한다.

정답 49.④

50 BMS(Battery Management System)에서 제어하는 항목과 제어내용에 대한 설명으로 틀린 것은?

① 고장 진단 : 배터리 시스템 고장 진단
② 셀 밸런싱 : 셀 간 전압 편차 발생 제어
③ 컨트롤 릴레이 제어 : 배터리 과열 시 컨트롤 릴레이 차단
④ SOC(Stage Of Charge) 관리 : 배터리의 전압, 전류, 온도를 측정하여 적정 SOC 영역관리

정답 유추 이론

하이브리드 자동차(HEV)의 BMS는 SOC 추정(충전상태 제어), 파워(출력)제한, 냉각 제어, 릴레이제어, 셀 밸런싱, 고장진단 등을 수행한다.
컨트롤 릴레이는 내연기관에서 엔진 ECU 및 연료펌프, 인젝터, AFS 등에 전원을 공급하는 역할을 한다.

정답 50.③

51 하이브리드 전기자동차에서 모터 제어기의 기능으로 틀린 것은?

① 하이브리드 모터 제어기는 인버터라고도 한다.
② 배터리 충전을 위한 에너지 회수기능을 담당한다.
③ 하이브리드 통합제어기의 명령을 받아 모터의 구동 전류를 제어한다.
④ 고전압 배터리의 직류 전원을 모터의 작동에 필요한 3상 직류 전원으로 변경하는 기능을 한다.

정답 유추 이론

모터 제어기는 통합 패키지 모듈(IPM, Inte-grated Package Module) 내에 설치되어 고전압 배터리의 직류 전원을 모터의 작동에 필요한 3상 교류 전원으로 변화시켜 하이브리드 통합 제어기(HCU, Hybrid Control Unit)의 신호를 받아 모터의 구동 전류 제어와 감속 및 제동할 때 모터를 발전기 역할로 변경하여 배터리 충전을 위한 에너지 회수기능(3상 교류를 직류로 변경)을 한다. 모터 제어기를 인버터(inverter)라고도 부른다.

정답 51.④

52 하이브리드 전기자동차에서 모터 제어기의 기능으로 틀린 것은?

① 하이브리드 모터 제어기는 인버터라고도 한다.

② 하이브리드 통합제어기의 명령을 받아 모터의 구동 전류를 제어한다.

③ 고전압 배터리의 교류 전원을 모터의 작동에 필요한 3상 교류 전원으로 변경하는 기능을 한다.

④ 감속 및 제동 시 모터를 발전기 역할로 변경하여 배터리 충전을 위한 에너지 회수기능을 담당한다.

정답 유추 이론

① MCU는 하이브리드 자동차의 구동 모터에 고전압 전력을 공급한다.

② HCU와의 통신을 통해 모터를 최적으로 제어한다.

③ HCU의 명령을 받아 모터의 구동 전류를 제어한다.

④ MCU는 감속 및 제동 시 모터는 발전기 역할로 변경하여 고전압 배터리 충전을 위한 에너지 회수 기능을 담당한다.

⑤ MCU를 일반적으로 인버터라고도 부르며 발전기 역할을 수행할 경우 인버터는 컨버터 역할을 수행하기도 한다.

정답 52.③

53 하이브리드 자동차의 컨버터(Converter)와 인버터(Inverter)의 전기 특성 표현으로 옳은 것은?

① 컨버터(Converter) : AC에서 DC로 변환, 인버터(Inverter) : DC에서 AC로 변환

② 컨버터(Converter) : DC에서 AC로 변환, 인버터(Inverter) : AC에서 DC로 변환

③ 컨버터(Converter) : AC에서 AC로 변환, 인버터(Inverter) : DC에서 DC로 변환

④ 컨버터(Converter) : DC에서 DC로 변환, 인버터(Inverter) : AC에서 AC로 변화

정답 유추 이론

컨버터(converter)란 교류를 직류로, 또는 직류를 직류로 감압 또는 승압 변환시키는 장치이며, 인버터(inverter)란 직류를 교류로 변환하는 장치이다.

따라서 컨버터(converter)는 AC를 DC로 변환시키는 장치이고, 인버터(inverter)는 DC를 AC로 변환시키는 대표적인 장치이다.

정답 53.①

54 하이브리드 전기자동차에서 고전압 직류 전압을 저전압 직류 전압으로 바꾸어주는 장치는 무엇인가?

① DC – 커패시터
② DC – DC컨버터
③ DC – AC컨버터
④ DC – 리졸버

정답 유추 이론

① 커패시터 : 배터리와 같이 화학반응을 이용하여 축전(蓄電)하는 것이 아니라 콘덴서(condenser)와 같이 전자를 그대로 축적해 두고 필요할 때 방전하는 것으로 짧은 시간에 큰 전류를 축적하거나 방출할 수 있다.
② DC-DC 컨버터 : 직류(DC)전압을 다른 직류(DC)전압으로 바꾸어주는 장치이다.
③ 리졸버(resolver, 로터 위치센서) : 모터에 부착된 로터와 리졸버의 정확한 상(phase)의 위치를 검출하여 MCU로 입력시킨다.

정답 54.②

55 하이브리드 자동차의 동력제어 장치에서 모터의 회전속도와 회전력을 자유롭게 제어할 수 있도록 직류를 교류로 변환하는 장치는?

① 컨버터
② 인버터
③ 리졸버
④ 커패시터

정답 유추 이론

인버터란 직류를 교류로 변환하는 장치를 말하며, 컨버터는 교류를 직류로 변환하는 장치를 말한다.

정답 55.②

56 하이브리드 전기자동차의 전원제어 시스템에 대한 ⓐ와 ⓑ의 의견 중 옳은 것은?

> ⓐ 인버터는 열을 발생하므로 냉각이 중요하다.
> ⓑ 컨버터는 고전압의 전원을 교류로 변환하는 역할을 한다.

① ⓐ만 옳다.
② ⓑ만 옳다.
③ ⓐ, ⓑ 모두 틀리다.
④ ⓐ, ⓑ 모두 옳다.

정답 유추 이론

컨버터는 교류를 직류로, 인버터는 직류를 교류로 변환시키는 장치로, 스위칭 소자를 사용하므로 열이 많이 발생한다.

정답 56.①

57 하이브리드 전기자동차의 모터 컨트롤 유닛(MCU) 취급 시 주의 사항이 아닌 것은?

① 충격이 가해지지 않도록 주의한다.
② 손으로 만지거나 전기 케이블을 임의로 탈착하지 않는다.
③ 시동키 2단(IG ON) 또는 엔진 시동상태에서는 만지지 않는다.
④ 컨트롤 유닛이 자기보정을 하기 때문에 AC 3상 케이블 체결 위치에 신경 쓸 필요가 없다.

정답 유추 이론

모터 컨트롤 유닛이 자기보정을 하기 때문에 U, V, W의 3상 파워 케이블을 정확한 위치에 조립한다.

■ 하이브리드 자동차의 모터 컨트롤 유닛(MCU) 취급 시 유의사항
　① 이그니션 스위치(점화 스위치)를 OFF하고, 보조 배터리 (−)를 탈거 한다.
　② 절연 장갑을 착용하고 작업한다.
　③ 안전 플러그(safety plug)를 탈거한다.
　④ 전원을 차단하고 일정 시간(5~10분)이 경과 후 작업한다.
　⑤ U, V, W상 간 전압이 0V 인지를 확인한다.
　⑥ 작업 시 시계, 반지, 목걸이 등 장신구를 제거한다.
　⑦ 모터 교환 후 진단 장비를 통해 구동 모터 위치센서(리졸버) 보정을 한다.

정답 57.④

58 하이브리드 전기자동차의 모터 컨트롤 유닛(MCU)에 대한 설명으로 틀린 것은?

① 회생 제동 시 컨버터(AC → DC 변환)의 기능을 수행한다.

② 고전압의 직류를 교류 12V로 변환하는 기능을 한다.

③ 고전압의 직류를 3상 교류로 바꾸어 모터에 공급한다.

④ 회생 제동 시 모터에서 발전되는 3상 교류를 직류로 바꾸어 고전압 배터리에
공급한다.

정답 유추 이론

■ 모터 컨트롤 유닛(MCU)의 기능
고전압 배터리의 직류를 3상 교류로 바꾸어 모터에 공급하며, 회생제동을 할 때 모터에서 발생되는 3상
교류를 직류로 바꾸어 고전압 배터리에 공급하는 컨버터(AC→ DC 변환)의 기능을 수행한다.

정답 58.②

59 하이브리드 전기자동차의 구동 모터의 로터 위치 및 회전수를 감지하는 장치?

① 인코더 센서   ② 액티브 센서

③ 리졸버 센서   ④ 스피드 센서

정답 유추 이론

하이브리드 모터를 가장 큰 회전력으로 제어하기 위해 회전자와 고정자의 위치를 정확하게 검출하여야
한다. 즉 회전자의 위치 및 회전속도 정보로 모터 컴퓨터가 가장 큰 회전력으로 모터를 제어하기 위하여
리졸버(resolver, 회전자 센서)를 설치한다.

정답 59.③

60 하이브리드 전기자동차에서 구동 모터의 회전자 위치를 감지하는 것은?

① 리코더
② 인코더
③ 리졸버
④ 인버터

정답 유추 이론

리졸버(회전자 위치센서)보정이란 MCU가 모터에게 정확한 토크를 지령하려면 리졸버와 모터가 정확히 조립되어야 하지만 기계적인 공차에 의해 모터와 리졸버의 위치를 맞추는 것이 어려우므로 정확한 상의 위치 값과 리졸버의 출력 값이 같아지도록 보정해주는 것을 말한다. 즉, 모터의 회전자와 하우징과 연결된 리졸버 고정자의 위치를 감지한다.

정답 60.③

61 하이브리드전기자동차의 구동 모터에 장착되어 모터 회전자의 회전수를 검출하는 센서는?

① 회전수 센서
② 엔코더 센서
③ 리코드 센서
④ 리졸버 센서

정답 유추 이론

리졸버(회전자 위치 센서)란 모터 내부의 회전자의 절대위치 및 회전수를 검출하는 센서로, 모터의 회전자와 하우징과 연결된 리졸버 고정자의 위치를 감지한다.

정답 61.④

62 하이브리드 전기자동차의 고전압 배터리 (+)전원을 시동 초기에 인버터로 공급하는 구성품은?

① 메인(+) 릴레이
② 파워(+) 릴레이
③ 프리차지 릴레이
④ 세이프티 플러그

정답 유추 이론

프리차지 릴레이는 파워 릴레이 어셈블리에 장착되어 있으며, 인버터의 커패시터를 초기에 충전할 때 고전압 배터리와 고전압 회로를 연결하는 역할을 한다. 스위치를 ON시키면 프리 차지 릴레이와 레지스터를 통해 흐른 전류가 인버터 내의 커패시터에 충전이 되고 충전이 완료 되면 프리차지 릴레이는 OFF 된다.

정답 62.③

63 하이브리드 전기자동차에서 시동키 ON시 PRA(Power Relay Assembly)의 작동순서로 가장 알 맞는 것은?

① 메인 릴레이(+) ON → 메인 릴레이 (−) ON → 프리차저 릴레이 ON
② 메인 릴레이(−) ON → 메인 릴레이 (+) ON → 프리차저 릴레이 ON
③ 메인 릴레이(−) ON → 프리차저 릴레이 ON → 메인 릴레이 (+) ON
④ 메인 릴레이(+) ON → 프리차저 릴레이 ON → 메인 릴레이 (−) ON

정답 유추 이론

하이브리드 전기자동차에서 시동키 ON시 PRA 작동순서는 메인 릴레이 (−)ON → 프리차저 릴레이 ON → 메인 릴레이 (+)ON 이다.

정답 63.③

64 하이브리드 전기자동차에서 고전압 전원을 인가 시 인버터가 돌입 전류에 의한 손상을 방지하기 위한 구성품으로 맞는 것은?

① 메인 부스바와 퓨즈
② 안전 스위치와 퓨즈
③ 고전압 릴레이와 저항
④ 프리차저 릴레이와 저항

정답 유추 이론

프리차지 릴레이 저항은 점화 스위치가 ON 상태일 때 모터 제어 유닛은 고전압 배터리 전원을 인버터로 공급하기 위해 메인 릴레이 (+)와 (−) 릴레이를 작동시키는데 프리차지 릴레이는 메인 릴레이 (+)와 병렬로 회로를 구성한다. 모터 제어 유닛은 메인 릴레이 (+)를 작동시키기 전에 프리차지 릴레이를 먼저 작동시켜 고전압 배터리 (+)전원을 인버터 쪽으로 인가한다. 프리차지 릴레이가 작동하면 레지스터를 통해 고전압이 인버터 쪽으로 공급되기 때문에 순간적인 돌입 전류에 의한 인버터의 손상을 방지할 수 있다.

정답 64.④

65 다음 중 파워 릴레이 어셈블리에 설치되며 인버터의 커패시터를 초기 충전할 때 돌입 전류에 의한 고전압 회로를 보호하는 것은?

① 프리 차지 레지스터　　　　　　② 메인 파워 릴레이
③ 안전 스위치 퓨즈　　　　　　　④ 승온 제어 릴레이

정답 유추 이론

■ 파워 릴레이 어셈블리의 기능
　① 프리 차지 릴레이 : 파워 릴레이 어셈블리에 설치되어 있으며, 인버터의 커패시터를 초기 충전할 때 고전압 배터리와 고전압 회로를 연결하는 역할을 한다. 초기에 콘덴서의 충전전류에 의한 고전압 회로를 보호한다.
　② 메인 릴레이 : 메인 릴레이는 파워 릴레이 어셈블리에 설치되어 있으며, 고전압 배터리의 (-) 출력 라인과 연결되어 배터리 시스템과 고전압 회로를 연결하는 역할을 한다. 고전압 시스템을 분리시켜 감전 및 2차 사고를 예방하고 고전압 배터리를 기계적으로 분리하여 암 전류를 차단한다.
　③ 안전 스위치 : 안전 스위치는 파워 릴레이 어셈블리에 설치되어 있으며, 기계적인 분리를 통하여 고전압 배터리 내부 회로를 연결 또는 차단하는 역할을 한다.
　④ 부스 바 : 배터리 및 다른 고전압 부품을 전기적으로 연결시키는 역할을 한다.

정답 65.①

66 고전압 배터리 관리 시스템의 메인 릴레이를 작동시키기 전에 프리 차지 릴레이를 작동시키는데 프리 차지 릴레이의 기능으로 틀린 것은?

① 고전압 회로 보호
② MCU 고전압 부품 보호
③ 등화 및 조명 장치 보호
④ 고전압 메인 퓨즈, 부스 바, 와이어 하니스 보호

정답 유추 이론

프리 차지 릴레이는 파워 릴레이 어셈블리에 장착되어 있으며, 인버터의 커패시터를 초기에 충전할 때 고전압 배터리와 고전압 회로를 연결하는 역할을 한다. 스위치 IG ON을 하면 프리 차지 릴레이와 레지스터를 통해 흐른 전류가 인버터 내의 커패시터에 충전이 되고 충전이 완료 되면 프리 차지 릴레이는 OFF 된다.
　① 초기에 커패시터의 충전전류에 의한 고전압 회로를 보호한다.
　② MCU 고전압 부품을 보호한다.
　③ 고전압 메인 퓨즈, 부스 바, 와이어 하니스를 보호한다.

정답 66.③

67 다음은 하이브리드 자동차에서 사용하고 있는 커패시터(Capacitor)의 특징을 나열한 것이다. 틀린 것은?

① 충전 시간이 짧다.
② 출력의 밀도가 높다.
③ 전지와 같이 열화가 거의 없다.
④ 단자 전압으로 남아있는 전기량을 알 수 없다.

정답 유추 이론

■ **커패시터(Capacitor)의 특징**
① 충전 시간이 짧다.
② 출력의 밀도가 높다.
③ 전지와 같이 열화가 거의 없다.
④ 단자 전압으로 남아있는 전기량을 알 수 있다.
커패시터는 배터리와 같이 화학반응을 이용하여 축전하는 것이 아니라 전자를 그대로 축적해 두고 필요할 때 방전하는 장치이며, 특징은 전지와 같이 열화가 없고, 충전 시간이 짧으며, 출력 밀도가 높고, 제조에 유해하고 값비싼 중금속을 사용하지 않기 때문에 환경부하도 적다. 또한 단자 전압으로 남아있는 전기량을 알 수 있다.

정답 67.④

68 하이브리드 자동차용 슈퍼 커패시터(Capacitor)의 용도에 대한 설명으로 옳은 것은?

① 정속 주행 시 안정된 전기에너지를 공급할 수 있다.
② 축적된 에너지는 발진이나 가속 시 이용하기 좋다.
③ 배터리를 대신하여 항상 탑재되는 중요 장치이다.
④ 주로 등화 장치에 전기에너지를 공급하는 장치이다.

정답 유추 이론

슈퍼 커패시터란 커패시터(콘덴서)의 성능 중 전기용량을 중점적으로 강화한 것으로, 고전압 배터리의 직류 전원으로부터 전력을 공급받아 충전해 두고 전원이 끊어진 경우 소 전력을 공급한다. 설정용 메모리에 전력을 일시적으로 공급하거나 정전 시에 동작 하는 안전기기에도 사용된다.

정답 68.②

69 하이브리드 전기 자동차에서 사용하는 에너지 저장시스템의 종류로 틀린 것은?

① 오일 펌프(oil pump) 저장 시스템
② 플라이 휠(flywheel) 저장 시스템
③ 축압(accumulator) 저장 시스템
④ 커패시터(capacitor) 저장 시스템

정답 유추 이론

■ 에너지 저장 시스템의 종류
　① 화학적 : 휘발유, 경유, 메탄올, 에탄올, LPG, CNG, 수소, 바이오매스 등
　② 전자 기술적 : 납 축전지, Li-ion, Li-Polymer, 초전도체, 슈퍼 커패시터 등
　③ 기계적 : 플라이 휠, 토션 스프링
　④ 공압/유압적 : 어큐뮬레이터(축압)

정답 69.①

70 하이브리드 전기 자동차에 사용되는 구동 모터의 동작 원리로 맞는 것은?

① 플레밍의 오른손 법칙
② 앙페르의 오른손 법칙
③ 렌츠의 왼손 법칙
④ 플레밍의 왼손 법칙

정답 유추 이론

전기 모터(전동기)의 동작 원리는 플레밍의 왼손 법칙이다.

정답 70.④

71 하드 방식의 하이브리드 전기 자동차의 작동에서 구동 모터에 대한 설명으로 틀린 것은?

① 구동 모터로만 주행이 가능하다.
② 구동 모터는 발전기능만 수행한다.
③ 고 에너지의 영구자석을 사용하며 교환 시 리졸버 보정을 해야 한다.
④ 구동 모터는 제동 및 감속 시 회생 제동을 통해 고전압 배터리를 충전한다.

정답 유추 이론

하드 방식의 하이브리드 전기 자동차는 구동 모터로만 주행이 가능하며, 고 에너지의 영구자석을 교환하였을 때 리졸버 보정을 해야 한다. 또 구동 모터는 제동 및 감속할 때 회생 제동을 통해 고전압 배터리를 충전한다.

① 하드 방식의 하이브리드 전기자동차의 구동 모터는 출발 시 모터 단독으로 전기모드 주행이 가능한 병렬형이다.
② 구동 모터는 가속 시 구동력을 증대시킨다.
③ 제동 및 감속 시 회생 제동을 통해 고전압 배터리를 충전시킨다.
④ 구동 모터 교환 시에는 리졸버를 보정해야 한다.

정답 71.②

72 하드 타입 하이브리드 전기 자동차용 구동 모터의 주요 기능으로 틀린 것은?

① 출발 시 전기 모드 주행
② 가속 시 구동력 증대
③ 변속 시 주동력 차단
④ 감속 시 배터리 충전

정답 유추 이론

하드 타입 하이브리드 전기자동차의 구동 모터는 출발 시 모터 단독으로 전기모드 주행이 가능한 병렬형으로 구동 모터는 가속 시 구동력을 증대시키고 제동 및 감속 시 회생 제동을 통해 고전압 배터리를 충전시킨다.

정답 72.③

73 하이브리드 모터 3상의 단자 명으로 짝지어진 것으로 맞는 것은?

① U, V, W   ② V, W, R

③ U, V, S   ④ W, R, T

정답 유추 이론

하이브리드 모터 3상의 단자는 U 단자, V 단자, W 단자가 있다.

정답 73.①

74 하이브리드 전기자동차용 구동 모터의 주요 기능 중 다른 것은?

① 엔진을 시동한다.
② 가속 시 전기에너지를 이용하여 구동력을 보조한다.
③ 중속 시 모터 조향 핸들(MDPS)의 보조 동력을 공급한다.
③ 감속 시 발전기로 작동되어 운동에너지를 전기에너지로 회수한다.

정답 유추 이론

① 가속 시 전기에너지를 이용하여 구동력을 보조한다.
② 감속 시 발전기로 작동되어 운동에너지를 전기에너지로 회수한다.
③ 엔진을 시동한다.
구동 모터가 MDPS에 보조 동력을 공급하지 않는다.

정답 74.③

75 하이브리드 전기 자동차에는 직류를 교류로 변환하여 교류 모터를 사용하고 있다. 교류 모터에 대한 장점으로 틀린 것은?

① 효율이 좋다.
② 소형화 및 고속 회전이 가능하다.
③ 브러시가 없어 보수할 필요가 없다.
④ 로터의 관성이 커서 응답성이 양호하다.

정답 유추 이론

■ 교류 모터의 장점
　① 모터의 구조가 비교적 간단하며, 효율이 좋다.
　② 큰 동력화가 쉽고, 회전변동이 적다.
　③ 소형화 및 고속 회전이 가능하다.
　④ 브러시가 없어 보수할 필요가 없다.
　⑤ 회전 중의 진동과 소음이 적다.
　⑥ 수명이 길다.
　⑦ 크기에 비해 모터의 효율이 좋다.
　⑧ 같은 출력을 내는 직류모터에 비해 가격이 3배 이상 저렴하다.
　⑨ 보수 유지비용이 저렴하다.

정답 75.④

---

76 하이브리드 전기 자동차의 영구자석 동기 모터(Permanent Magnet Synchronous Motor)에 대한 설명 중 맞는 것은?

① 비동기 전동기와 비교해서 효율이 낮다.
② 에너지 밀도가 낮은 영구지석을 사용한다.
③ 브러시와 정류자를 사용하지 않는다.
④ 전기자를 이용하여 전동기를 제어한다.

정답 유추 이론

동기 모터는 고정자와 회전자로 구성되어 있으며 브러시와 정류자가 없어 수명이 길다.
　① 비동기 전동기와 비교해서 효율이 높다.
　② 에너지 밀도가 높은 영구지석을 사용한다.
　③ 브러시와 정류자를 사용하지 않는다.
　④ 전자 스위칭 회로를 이용하여 특성에 맞게 전동기를 제어한다.

정답 76.③

77 하이브리드 전기 자동차의 고전압 배터리 시스템 제어 특성에서 모터 구동을 위하여 고전압 배터리가 전기 에너지를 방출하는 모드로 맞는 것은?

① 제동 모드   ② 정지 모드
③ 방전 모드   ④ 충전 모드

정답 유추 이론

고전압 배터리가 전기 에너지를 방출하는 것을 방전 모드라 한다.
반대로 고전압 배터리가 전기 에너지를 흡수하는 것을 충전 모드라 한다.

정답 77.③

78 하이브리드 전기 자동차의 구동 모터 취급 시 유의 사항으로 틀린 것은?

① 작업하기 전 반드시 고전압을 차단하여 안전을 확보해야 한다.
② 고전압에 대한 방전 여부를 측정할 때에는 절연장갑을 착용 후 작업한다.
③ 차량 이그니션 키를 OFF 상태로 하고, 5분 이내에 방전이 된 것을 확인하고 작업한다.
④ 방전 여부는 파워 케이블의 커넥터 커버 분리 후 전압계를 사용하여 각 상간 전압이 0V 인지 확인한다.

정답 유추 이론

■ 하이브리드 자동차의 구동 모터 취급 시 유의 사항
 ① 이그니션 스위치(점화 스위치)를 OFF하고, 보조 배터리(−)를 탈거한다.
 ② 절연 장갑을 착용하고 작업한다.
 ③ 안전 플러그(safety plug)를 탈거한다.
 ④ 전원을 차단하고 일정 시간(5~10분)이 경과 후 작업한다.
 ⑤ U, V, W상 간 전압이 0V 인지를 확인한다.
 ⑥ 작업 시 시계, 반지, 목걸이 등 장신구를 제거한다.
 ⑦ 모터 교환 후 진단장비를 통해 구동 모터 위치센서(리졸버) 보정을 한다.

정답 78.③

79 하이브리드 전기 자동차의 구동 모터 취급 시 유의할 사항이 아닌 것은?

① 하이브리드 모터는 고전압을 사용하므로 물이 들어가지 않도록 한다.
② 모터 수리 작업은 반드시 안전 절차에 따라 점검한다.
③ 엔진 가동 중 모터 점검 시 연결된 고전압 파워 케이블을 탈거하고 점검한다.
④ IG ON 또는 엔진 시동 상태에서는 고전압 배선을 탈거하지 않는다.

> **정답 유추 이론**
>
> ① 모터 수리작업은 반드시 안전절차에 따라 점검한다.
> ② 엔진가동 중 모터에 연결된 고전압 파워 케이블을 탈거하지 않는다.
> ③ IG ON 또는 엔진 시동상태에서는 고전압 배선을 탈거하지 않는다.
> ④ 하이브리드 모터는 고전압을 사용하므로 물이 들어가지 않도록 한다.

정답 79.③

80 하이브리드 전기자동차 시스템에서 등화장치, 각종 전장부품으로 전기 에너지를 공급하는 구성품의 명칭으로 알맞은 것은?

① 인버터　　　　　　　　　② 보조 배터리
③ 고전압 컨트롤 유닛　　　④ 엔진 컨트롤 유닛

> **정답 유추 이론**
>
> 하이브리드 시스템에서는 고전압 배터리를 동력으로 사용하므로 일반 전장부품은 보조 배터리(12V)를 통하여 전원을 공급받는다.

정답 80.②

81 하이브리드 전기 자동차에서 자동차의 오디오와 각종 전기 및 전자장치의 구동 전기 에너지를 공급하는 기능을 담당하는 구성품 중 맞는 것은?

① 메인 배터리　　　　　　② 보조 배터리
③ 메인 발전기　　　　　　④ 보조 발전기

> **정답 유추 이론**
>
> 오디오나 에어컨, 자동차 내비게이션, 그 밖의 등화장치 등에 필요한 전력을 공급하기 위해 보조 배터리(12V 납산 배터리)가 별도로 탑재되어 전기장치의 작동에 사용되며, 하이브리드 모터는 270V 이상의 고전압 배터리를 이용, 직류를 교류로 변환하여 작동시킨다.

정답 81.②

82 하이브리드 전기 자동차에서 저전압(12V) 배터리가 필요한 이유로 틀린 것은?

① 카 오디오 작동
② 등화 장치 작동
③ 내비게이션 작동
④ 하이브리드 모터 작동

하이브리드 전기자동차에서 12V 저전압 배터리는 등화장치, 오디오 및 내비게이션 등 각종 전기장치의 작동에 사용되며, 하이브리드 모터는 270V 이상의 고전압 배터리를 이용, 직류를 교류로 변환하여 작동시킨다.

정답 82.④

83 하이브리드 전기 자동차의 보조 배터리가 방전으로 시동 불량일 때 고장원인 또는 조치방법 에 대한 설명으로 틀린 것은?

① 단시간에 방전되었다면 암전류 과다 발생이 원인이 될 수도 있다.
② 장시간 주행 후 바로 재시동시 불량하면 LDC 불량일 가능성이 있다.
③ 보조 배터리가 방전이 되었어도 고전압 배터리로 시동이 가능하다.
④ 보조 배터리를 점프 시동하여 주행 가능하다.

주행 중 엔진 시동을 위해 HSG(hybrid starter generator : 엔진의 크랭크축과 연동되어 엔진을 시동할 때에는 기동 전동기로, 발전을 할 경우에는 발전기로 작동하는 장치)가 있으며, 보조 배터리가 방전되었어도 고전압 배터리로는 시동이 불가능하다.
　① 단시간에 방전이 되었다면 암전류 과다발생이 원인일 가능성이 있다.
　② 장시간 주행 후 바로 재시동이 불량하면 LDC 불량일 가능성이 있다.
　③ 보조 배터리를 점프 시동하여 주행 가능하다.
고전압 배터리는 주행 동력에 사용되는 배터리이므로 엔진 시동은 불가능하다.

정답 83.③

84 하이브리드 전기 자동차가 주행 중 하이브리드 시스템이 정상일 경우 엔진을 시동하는 방법으로 맞는 것은?

① 주행 관성을 이용하여 엔진을 시동한다.
② 시동 전동기만을 이용하여 엔진을 시동한다.
③ 하이브리드 전동기를 이용하여 엔진을 시동한다.
④ 하이브리드 전동기와 시동 전동기를 동시에 작동시켜 엔진을 시동한다.

정답 유추 이론

하이브리드 시스템에서는 하이브리드 전동기를 이용하여 엔진을 시동하는 방법과 시동 전동기를 이용하여 시동하는 방법이 있으며, 시스템이 정상일 경우에는 하이브리드 전동기를 이용하여 엔진을 시동한다.

정답 84.③

85 병렬형 하드 타입의 하이브리드 자동차에서 HEV 모터에 의한 엔진 시동 금지 조건인 경우, 엔진의 시동은 무엇으로 하는가?

① 12V 기동 전동기
② MDPS 모터
③ 모터 컨트롤 유닛(MCU)
④ 하이브리드 기동 발전기(HSG)

정답 유추 이론

병렬형 하드 타입 하이브리드 자동차는 모터와 엔진은 분리되어 있고 모터와 변속기가 직결되어 있으므로 HEV모터 단독 주행이 가능하고, HEV모터에 의한 엔진 시동 금지 조건인 경우, 하이브리드 기동 발전기(HSG)로 엔진을 시동한다.

정답 85.④

86 하이브리드 자동차에서 정차 시 연료 소비 절감, 유해 배기가스 저감을 위해 기관을 자동으로 정지시키는 기능은?

① 소프트 랜딩 기능
② 공회전 보조 기능
③ 아이들 스톱 기능
④ 아이들 제어 기능

정답 유추 이론

오토 스톱(auto stop)은 아이들 스톱이라고도 하며, 연료소비 및 배출가스를 저감시키기 위해 차량이 정지할 경우 엔진을 자동으로 정지시키는 기능이다.

정답 86.③

87 소프트 하이브리드 전기 자동차에 적용되는 오토 스톱 기능에 대한 설명으로 옳은 것은?

① 모터 주행을 위해 엔진을 일시 정지
② 위험물 감지 시 엔진을 정지시켜 위험을 방지
③ 정차 시 보행자의 안전을 위해 엔진을 정지
④ 정차 시 엔진을 정지시켜 연료소비 및 배출가스 저감

정답 유추 이론

오토 스톱(auto stop)은 아이들 스톱이라고도 하며, 연료소비 및 배출가스를 저감시키기 위해 차량이 정지할 경우 엔진을 자동으로 정지시키는 기능이다.

정답 87.④

88 병렬형(하드방식) 하이브리드 자동차에서 엔진의 스타트 & 스톱 모드에 대한 설명으로 옳은 것은?

① 자동차가 주행 중 정차 시 엔진은 항상 스톱 모드로 진입한다.
② 스톱모드 작동 중에 브레이크 페달에서 발을 떼면 항상 시동이 걸린다.
③ 배터리 충전상태가 낮으면 엔진 스톱 기능이 작동하지 않을 수 있다.
④ 엔진 스타트 기능은 브레이크 배력장치의 압력과는 무관하다.

정답 유추 이론

■ ISG(Idle Stop & Go, Auto Stop, Strat Stop, 공회전 제한장치) 작동 조건
① 차가 밀리지 않는 평지상태
② 냉각수온 30℃ 이상, 브레이크 부압 −35kPa(−5psi) 이하
③ 운전석 도어 및 안전벨트, 후드 모두 닫힘 상태
④ EMS 상태가 정상일 것
⑤ 차속 8km/h 이상 주행 후 0km/h 진입 시
⑥ ISG 스위치 ON, 브레이크 스위치 ON, 가속페달 OFF, 변속기어 D 또는 N 상태
⑦ 히터와 에어컨 시스템이 조건을 만족했을 때
⑧ 외기온이 너무 낮거나 높지 않을 때(10℃ ~ +35℃ 이하)
⑨ 배터리 센서가 활성화되어 있는 상태일 때

정답 88.③

89 하이브리드 전기 자동차의 장점 중에서 엔진정지 금지조건이 아닌 것은?

① 브레이크 부압이 낮은 경우
② 엔진의 냉각수 온도가 낮은 경우
③ D 레인지에서 차속이 발생한 경우
② 하이브리드 모터 시스템이 고장인 경우

정답 유추 이론

■ 엔진정지 금지조건
① 브레이크 부압이 낮은 경우
② 하이브리드 모터 시스템이 고장인 경우
③ 엔진의 냉각수 온도가 낮은 경우

정답 89.③

90 하이브리드 자동차에서 주행 중 정차 시 오토스톱(Auto Stop) 기능이 미작동하는 조건과 관계없는 것은?

① 고전압 배터리의 온도가 규정 온도보다 높은 경우
② 엔진 냉각수 온도가 규정 온도보다 낮은 경우
③ 무단변속기 오일 온도가 규정 온도보다 낮은 경우
④ 에어컨 시스템이 조건을 만족하고 작동 중일 때

정답 유추 이론

■ **ISG(Idle Stop & Go, Auto Stop, Strat Stop, 공회전 제한장치) 작동 조건**
  ① 차가 밀리지 않는 평지상태
  ② 냉각수온 30℃ 이상, 브레이크 부압 −35kPa(−5psi) 이하
  ③ 운전석 도어 및 안전벨트, 후드 모두 닫힘 상태
  ④ EMS상태가 정상일 것
  ⑤ 차속 8km/h 이상 주행 후 0km/h 진입 시
  ⑥ ISG 스위치 ON, 브레이크 스위치 ON, 가속페달 OFF, 변속기어 D 또는 N 상태
  ⑦ 히터와 에어컨 시스템이 조건을 만족했을 때
  ⑧ 외기온이 너무 낮거나 높지 않을 때 (10℃ ~ +35℃ 이하)
  ⑨ 배터리 센서가 활성화되어 있는 상태일 때

정답 90.④

91 하이브리드 전기 자동차의 기능 중 회생 제동시스템에 대한 설명으로 틀린 것은?

① 하이브리드 자동차에 적용되는 연비향상 기술이다.
② 주행중 감속 시 브레이크를 밟을 때 모터가 발전기 역할을 한다.
③ 회생제동을 통해 제동력을 배가시켜 안전에 도움을 주는 장치이다.
④ 회생제동은 감속 시 운동에너지를 전기 에너지로 변환하여 회수한다.

정답 유추 이론

■ **회생 제동 모드**
  ① 주행 중 감속 또는 브레이크에 의한 제동 발생시점에서 모터를 발전기 역할인 충전 모드로 제어하여 전기 에너지를 회수하는 작동 모드이다.
  ② 하이브리드 전기 자동차는 제동 에너지의 일부를 전기 에너지로 회수하는 연비향상 기술이다.
  ③ 하이브리드 전기 자동차는 감속 또는 제동 시 운동에너지를 전기에너지로 변환하여 회수한다.
  하이브리드 자동차의 회생제동 시스템은 제동 및 감속 시 구동 모터를 회생제동 모드로 변환하여, 구동 모터를 발전기로 전환하여 구동바퀴에서 발생하는 운동 에너지를 전기 에너지로 변환시켜 고전압 배터리를 충전하는 모드이다.

정답 91.③

92 소프트 하이브리드 전기 자동차에서 엔진 정지 금지조건이 아닌 것은?

① 브레이크 부압이 250mmHg 이하인 경우
② 하이브리드 모터 시스템이 고장인 경우
③ 엔진의 냉각수 온도가 45℃ 이하인 경우
④ 고전압 배터리의 온도가 45℃ 이하인 경우

정답 유추 이론

■ 엔진 정지 금지 조건
① 오토 스톱 스위치가 OFF 상태인 경우
② 엔진의 냉각수 온도가 45℃ 이하인 경우
③ CVT 오일의 온도가 -5℃ 이하인 경우
④ 고전압 배터리의 온도가 50℃ 이상인 경우
⑤ 고전압 배터리의 충전율이 28% 이하인 경우
⑥ 브레이크 부스터 압력이 250mmHg 이하인 경우
⑦ 액셀러레이터 페달을 밟은 경우
⑧ 변속 레버가 P, R 레인지 또는 L 레인지에 있는 경우
⑨ 고전압 배터리 시스템 또는 하이브리드 모터 시스템이 고장인 경우
⑩ 급 감속시(기어비 추정 로직으로 계산)
⑪ ABS 작동시

정답 92.④

93 하이브리드 전기 자동차가 주행 중 감속 또는 제동상태에서 모터를 발전 모드로 전환시켜서 제동 에너지의 일부를 전기 에너지로 변환하는 모드는?

① 회생 제동 모드　　　　② 발진 가속 모드
③ 제동 전기 모드　　　　④ 주행 전환 모드

정답 유추 이론

■ 하이브리드 자동차의 주행 모드
① 시동 모드 : 하이브리드 시스템은 구동용 전동기에 의해 엔진이 시동된다. 배터리의 용량이 부족하거나 전동기 컨트롤 유닛에 고장이 발생한 경우에는 12V용 시동 전동기로 시동을 한다.
② 발진 가속 모드 : 가속을 하거나 등판과 같은 큰 구동력이 필요할 때에는 엔진과 전동기에서 동시에 동력을 전달한다.
③ 회생 재생 모드(감속모드) : 감속할 때 전동기는 바퀴에 의해 구동되어 발전기의 역할을 한다. 즉 감속할 때 발생하는 운동에너지를 전기에너지로 전환시켜 고전압 배터리를 충전한다.
④ 오토 스톱(auto stop) 모드 : 연비와 배출가스 저감을 위해 자동차가 정지하여 일정한 조건을 만족할 때에는 엔진의 작동을 정지시킨다.

정답 93.①

94 하이브리드 전기 자동차에 적용된 연비향상 기술의 일종으로 주행 중 브레이크 작동 시 모터를 발전기로 활용하여 운동에너지를 전기 에너지로 회수하는 것은?

① 아이들 스탑 제어
② 회생 제동장치 제어
③ 고전압 배터리 제어
④ 모터 컨트롤 제어

정답 유추 이론

하이브리드 자동차가 감속할 때 전동기는 바퀴에 의해 구동되어 발전기의 역할을 한다. 즉 감속할 때 발생하는 운동 에너지를 전기 에너지로 전환시켜 배터리를 충전하는 장치를 회생 제동장치라 한다.
하이브리드 자동차의 회생제동 모드는 제동 및 감속 시 구동 모터를 회생제동 모드로 변환하여, 구동 모터를 발전기로 전환하여 구동바퀴에서 발생하는 운동 에너지를 전기 에너지로 변환시켜 고전압 배터리를 충전하는 모드이다.

정답 94.②

95 하이브리드 전기 자동차가 내리막길 주행 중 전기 모터를 발전기로 전환하여 차량의 운동 에너지를 전기 에너지로 변환시켜 고전압 배터리로 회수하는 시스템은?

① 회생 제동 시스템
② 파워 릴레이 시스템
③ 아이들링 스톱 시스템
④ 고전압 배터리 시스템

정답 유추 이론

하이브리드 자동차에서 자동차의 제동 및 감속은 회생 제동 모드로서, 차량 감속 시 전기 모터를 발전기로 전환하여 구동바퀴에서 발생하는 운동 에너지를 전기 에너지로 변환시켜 고전압 배터리를 충전하는 모드이다.

정답 95.①

96 하이브리드 전기 자동차의 회생 제동에 의한 에너지 변환 모드의 설명으로 옳은 것은?

① 운동 에너지의 일부를 열 에너지로 회수
② 열 에너지의 일부를 전기 에너지로 회수
③ 전기 에너지의 일부를 운동 에너지로 회수
④ 운동 에너지의 일부를 전기 에너지로 회수

정답 유추 이론

하이브리드 자동차의 회생 제동에 의한 에너지 변환(회수) 모드는 제동 및 감속 시 구동 모터를 회생제동 모드로 변환하여, 구동 모터를 발전기로 모드를 전환하고 구동 바퀴에서 발생하는 운동 에너지를 전기에너지로 변환시켜 고전압 배터리를 충전하는 모드이다.

정답 96.④

97 하이브리드 전기자동차에서 회생제동기능을 사용할 수 있는 시기는?

① 출발할 때   ② 감속할 때
③ 급가속할 때   ④ 정속주행할 때

정답 유추 이론

하이브리드 자동차의 회생제동 시기는 제동 및 감속 시 구동바퀴에서 발생하는 운동 에너지를 전기 에너지로 변환시켜 고전압 배터리를 충전하는 모드이다.

정답 97.②

98 하이브리드 전기자동차 바퀴에서 발생되는 회전동력을 전기 에너지로 전환하여 고전압 배터리를 충전하는 모드는?

① 정속 모드   ② 가속 모드
③ 감속 모드   ④ 정지 모드

정답 유추 이론

하이브리드 자동차의 회생제동 시기는 제동 및 감속 시 구동바퀴에서 발생하는 운동 에너지를 전기 에너지로 변환시켜 고전압 배터리를 충전하는 모드이다.

정답 98.③

99 하이브리드 전기자동차가 주행 중 구동바퀴에서 발생하는 운동 에너지를 전기적 에너지로 변환시켜 고전압 배터리로 충전하는 모드는?

① ISG(Idle Stop & Go) 모드   ② 언덕길 밀림 방지 모드
③ 회생 제동모드   ④ 변속기 발전 모드

정답 유추 이론

하이브리드 자동차에서 자동차의 제동 및 감속은 회생제동 모드로서, 차량 감속 시 전기 모터를 발전기로 전환하여 구동바퀴에서 발생하는 운동 에너지를 전기 에너지로 변환시켜 고전압 배터리를 충전하는 모드이다.

정답 99.③

---

100 하이브리드 전기자동차에서 언덕길을 내려갈 때 고전압 배터리를 충전시키는 모드는?

① 급가속모드   ② 공회전모드
③ 정속주행모드   ④ 회생제동모드

정답 유추 이론

하이브리드 자동차에서 자동차의 제동 및 감속은 회생제동 모드로서, 차량 감속 시 전기 모터를 발전기로 전환하여 구동바퀴에서 발생하는 운동 에너지를 전기 에너지로 변환시켜 고전압 배터리를 충전하는 모드이다.

정답 100.④

---

101 주행 중인 하이브리드 전기 자동차에서 제동 시에 발생된 에너지를 회수(충전)하는 제어 모드는?

① 가속제어모드   ② 시동정지모드
③ 회생발전모드   ④ 회생제동모드

정답 유추 이론

하이브리드 자동차에서 자동차의 제동 및 감속은 회생제동 모드로서, 차량 감속 시 전기 모터를 발전기로 전환하여 구동바퀴에서 발생하는 운동 에너지를 전기 에너지로 변환시켜 고전압 배터리를 충전하는 모드이다.

정답 101.④

102 하드 타입의 하이브리드 전기자동차가 주행 중에 감속 및 제동을 할 경우 바퀴의 운동 에너지를 전기 에너지로 변환하여 고전압 배터리를 충전하는 것을 무엇이라 하는가?

① 가속제동
② 회생제동
③ 재생제동
④ 감속제동

정답 유추 이론

하이브리드 자동차에서 자동차의 제동 및 감속은 회생제동 모드로서, 차량 감속 시 전기 모터를 발전기로 전환하여 구동바퀴에서 발생하는 운동 에너지를 전기 에너지로 변환시켜 고전압 배터리를 충전하는 모드이다.

정답 102.②

103 하이브리드 전기자동자가 주행 중 감속 또는 제동상태에서 모터를 발전모드로 전환시켜서 제동 에너지의 일부를 전기 에너지로 변환하는 기능으로 옳은 것은?

① 회생제동모드
② 발진가속모드
③ 제동전기모드
④ 주행전환모드

정답 유추 이론

하이브리드 자동차에서 자동차의 제동 및 감속은 회생제동 모드로서, 차량 감속 시 전기 모터를 발전기로 전환하여 구동바퀴에서 발생하는 운동 에너지를 전기 에너지로 변환시켜 고전압 배터리를 충전하는 모드이다.

정답 103.①

104 주행 중인 하이브리드 자동차에서 제동 및 감속 시 고전압배터리 충전 불량 현상이 발생하였다. 이때 점검하여야 할 곳은?

① LDC 제어 장치
② 발진 제어 장치
③ 회생 제동 장치
④ 12V용 충전장치

정답 유추 이론

하이브리드 자동차에서 자동차의 제동 및 감속은 회생제동 모드로서, 차량 감속 시 전기 모터를 발전기로 전환하여 구동바퀴에서 발생하는 운동 에너지를 전기 에너지로 변환시켜 고전압 배터리를 충전하는 모드이다.

정답 104.③

105 하이브리드 전기자동차는 감속 시 전기 에너지를 고전압 배터리로 회수(충전)한다. 이러한 발전기 역할을 하는 하이브리드 구성부품은?

① AC 발전기　　　　　　　　② 스타팅 모터
③ 모터 컨트롤 유닛　　　　　④ 하이브리드 모터

정답 유추 이론

하이브리드 자동차는 주행 중 감속 시 자동차 휠의 회전력으로 하이브리드 모터가 회전하여 회전 동력을 전기 에너지로 전환하여 고전압 배터리로 회수 충전한다.

정답 105.④

106 다음에서 하이브리드 전기 자동차의 종합 제어기능으로 틀린 것은?

① 오토 스톱 제어
② 브레이크 정압 제어
③ LDC(DC–DC변환기) 제어
④ 경사로 밀림 방지 제어

정답 유추 이론

하이브리드 전기자동차의 종합 제어기능에는 하이브리드 모터의 시동, 하이브리드 모터 회생 제동, 변속 비율 제어, 오토 스톱제어, 경사로 밀림 방지 제어, 연료차단 및 분사허가, 모터 및 배터리 보호, 부압제어, LDC(DC–DC변환기)제어 등이 있다.
① 오토 스톱 제어
② 경사로 밀림 방지 제어
③ LDC(DC-DC 변환기) 제어

정답 106.②

107 소프트 하이브리드 전기 자동차에 적용되는 브레이크 밀림방지(어시스트 시스템) 장치에 대한 설명으로 맞는 것은?

① 경사로에서 출발 전 한시적으로 하이브리드 모터를 작동시켜 차량 밀림 현상을 방지하는 장치이다.

② 차량 출발이나 가속 시 무단변속기에서 크립 토크(creep torque)를 이용하여 차량이 밀리는 현상으로 방지하는 장치이다.

③ 경사로에서 정차 후 출발 시 차량 밀림현상을 방지하기 위해 밀림 방지용 밸브를 이용 브레이크를 한시적으로 작동하는 장치이다.

④ 브레이크 작동 시 브레이크 작동유압을 감지하여 높은 경우 유압을 감압시켜 브레이크 밀림을 방지하는 장치이다.

> **정답 유추 이론**

브레이크 밀림방지(어시스트 시스템) 장치는 경사로에서 정차 후 출발할 때 차량 밀림 현상을 방지하기 위해 밀림방지용 밸브를 이용 브레이크를 한시적으로 작동하는 장치이다.

정답 107.③

108 하이브리드 전기 자동차에서 주행중 사용하는 가상 엔진 사운드 시스템에 관련한 설명으로 거리가 먼 것은?

① 전기차 모드에서 저속주행 시 보행자가 차량을 인지하기 위함
② 차량주변 보행자 주의환기로 사고 위험성 감소
③ 자동차 속도 약 30km/h 이상부터 작동
④ 엔진 유사용 출력

> **정답 유추 이론**

가상 엔진 사운드 시스템(Virtual Engine Sound System)은 하이브리드 자동차나 전기 자동차에 부착하는 보행자를 위한 시스템이다. 즉 배터리로 저속주행 또는 후진할 때 보행자가 놀라지 않도록 자동차의 존재를 인식시켜주기 위해 엔진 소리를 내는 스피커이며, 주행속도 0~20km/h에서 작동한다.

정답 108.③

109 다음 설명 중 하이브리드 자동차 계기판(cluster)에 대한 설명으로 틀린 것은?

① 계기판에 'READY' 램프가 소등(OFF)시 주행이 안 된다.

② EV 램프는 HEV(Hybrid Electronic Vehicle)모터에 의한 주행 시 소등된다.

③ 계기판에 'READY' 램프가 점등(ON)시 정상주행이 가능하다.

④ 계기판에 'READY' 램프가 점멸(BLINKING) 시 비상모드 주행이 가능하다.

정답 유추 이론

EV 램프는 EV 모드에서 모터에 의한 주행 시 점등된다.

① 계기판에 'READY' 램프가 소등(OFF) 시 주행이 안 된다.

② 계기판에 'READY' 램프가 점등(ON)시 주행이 가능하다.

③ 계기판에 'READY' 램프가 점멸(BLINKING)시 비상모드 주행이 가능하다.

④ EV 램프는 HEV(Hybrid Electric Vehicle)모터에 의한 주행 시 점등된다.

정답 109.②

110 소프트 하이브리드 전기자동차 계기판에 표시되는 오토 스톱(Auto Stop)의 기능에 대한 설명으로 옳은 것은?

① 연료절감 및 배출가스 저감

② 엔진 오일 온도 상승 방지

③ 냉각수 온도 상승 방지

④ 엔진 재시동성 향상

정답 유추 이론

오토 스톱(auto stop) 모드는 연비와 배출가스 저감을 위해 자동차가 정지하여 일정한 조건을 만족 할 때에는 엔진의 작동을 정지시킨다. 오토 스톱(auto stop)은 아이들 스톱이라고도 하며, 연료소비 및 배출가스를 저감시키기 위해 차량이 정지할 경우 엔진을 자동으로 정지시키는 기능이다.

정답 110.①

111 하이브리드 전기 자동차가 주행주행 중에 감속 시 계기판의 에너지 사용표시 게이지는 어떻게 표시되는가?

① RPM(엔진회전수)
② Assist(모터작동)
③ Charge(충전)
④ 배터리 용량

정답 유추 이론

하이브리드 자동차에서 자동차의 제동 및 감속은 회생제동 모드로서, 차량 감속 시 배터리를 충전 하므로 계기판의 에너지 사용표시는 Charge(충전)가 표시된다. 반대로 차량 가속 시 배터리는 방전하므로 계기판의 에너지 사용표시는 Assist(모터작동)가 표시된다.

정답 111.③

112 하이브리드 전기 자동차에서 기동발전기(hybrid starter & generator)의 교환 방법으로 잘못된 것은?

① 안전 스위치를 OFF하고, 5분 이내에 교환 작업을 한다.
② HSG 교환 후 반드시 냉각수 보충과 공기빼기를 실시한다.
③ HSG 교환 후 진단정비를 통해 HSG 위치센서(리졸버)를 보정한다.
④ 점화 스위치를 OFF하고, 보조 배터리의 (-)케이블을 분리한다.

정답 유추 이론

■ **하이브리드 자동차의 기동발전기(HSG) 교환 방법**
① 점화 스위치를 OFF하고, 보조 배터리의 (-)케이블을 분리한다.
② 안전 스위치를 OFF하고, 5분 이상 대기한다.
③ 방전 여부확인은 U, V, W 상간전압이 0V 인지를 확인한다.
④ HSG 교환 후 반드시 냉각수 보충과 공기 빼기를 실시한다.
⑤ HSG 교환 후 진단정비를 통해 HSG 위치센서(리졸버)를 보정한다.

정답 112.①

113 하이브리드 전기 자동차에서 고전압 장치 정비 시 고전압을 해제하는 것은?

① 메인 릴레이

② 배터리 팩

③ 프리차지 릴레이

④ 안전 플러그

정답 유추 이론

안전 플러그는 기계적인 분리를 통하여 고전압 배터리 내부 회로의 연결을 차단하는 장치이다. 따라서 하이브리드 자동차에서 안전 플러그(safety plug)를 탈거하면 고전압과의 연결을 차단시킬 수 있다.

정답 113.④

114 하이브리드 차량의 정비 시 전원을 차단하는 과정에서 안전플러그를 제거 후 고전압 부품을 취급하기 전에 5~10분 이상 대기시간을 갖는 이유 중 가장 알맞은 것은?

① 고전압 배터리 내의 셀의 자가방전을 위해서

② 제어모듈 내부 메모리의 기억을 소거하기 위해서

③ 저전압(12V) 배터리에 있는 고전압을 자기방전하기 위해서

④ 인버터 내의 콘덴서에 충전되어 있는 고전압 전원을 방전시키기 위해서

정답 유추 이론

하이브리드 자동차 정비 시 안전 플러그를 제거 후 고전압 부품을 취급하기 전에 5~10분 이상 대기 시간을 갖는 이유는 인버터 내의 커패시터에 충전되어 있는 고전압을 방전시키기 위해 필요한 시간이다.

정답 114.④

115 하이브리드 전기 자동차의 엔진 작업 시 조치해야 할 사항으로 틀린 것은?

① 안전 스위치를 분리하고 작업한다.
② 이그니션 스위치를 ON위치로 하고 작업한다.
③ 12V 보조 배터리 케이블을 분리하고 작업한다.
④ 전원을 차단하고 일정시간이 경과 후 작업한다.

> ### 정답 유추 이론
>
> ■ 하이브리드 자동차의 전기장치를 정비할 때 지켜야 할 사항
> ① 이그니션 스위치를 OFF 한 후 안전 스위치를 분리하고 작업한다.
> ② 전원을 차단하고 일정시간이 경과 후 작업한다.
> ③ 12V 보조 배터리 케이블을 분리하고 작업한다.
> ④ 고전압 케이블의 커넥터 커버를 분리한 후 전압계를 이용하여 각 상 사이(U, V, W)의 전압이 0V 인지를 확인한다.
> ⑤ 절연장갑을 착용하고 작업한다.
> ⑥ 작업 전에 반드시 고전압을 차단하여 감전을 방지 하도록 한다.
> ⑦ 전동기와 연결되는 고전압 케이블을 만져서는 안 된다.

정답 115.②

116 하이브리드 전기 자동차의 전기장치 정비 시 반드시 지켜야 할 내용으로 틀린 것은?

① 절연장갑을 착용하고 작업한다.
② 서비스플러그(안전플러그)는 장착상태로 정비한다.
③ 전원을 차단하고 일정시간이 경과 후 작업한다.
④ 전동기와 연결되는 고전압 케이블을 만져서는 안된다.

> ### 정답 유추 이론
>
> ■ 하이브리드 자동차의 전기장치 정비 시 반드시 지켜야 할 내용
> ① 이그니션 스위치를 OFF 한다.
> ② 절연 장갑을 착용하고 작업한다.
> ③ 안전 플러그(safety plug)를 탈거한다.
> ④ 전원을 차단하고 일정 시간(5~10분)이 경과 후 작업한다.
> ⑤ 작업 시 시계, 반지, 목걸이 등 장신구를 제거한다.
> ⑥ 전동기와 연결되는 고전압 케이블을 만져서는 안된다.
> ⑦ 작업 전에 반드시 고전압을 차단하여 감전을 방지 하도록 한다.
> ⑧ 고전압 케이블의 커넥터 커버를 분리한 후 전압계를 이용하여 각 상 사이(U, V, W)의 전압이 0V 인지를 확인한다.

정답 116.②

117 하이브리드 전기 자동차에서 가솔린 엔진의 냉각이 효과적으로 이루어질 경우 나타나는 장점으로 틀린 것은?

① 충진율이 개선된다.
② 엔진의 노크 경향성이 증대한다.
③ 엔진의 노크 경향성이 감소한다.
④ 저압축비로 출력이 낮아진다.

정답 유추 이론

① 충진율이 개선된다.
② 엔진의 노크경향성이 감소한다.
③ 저압축비로 인해 출력이 낮아진다.
④ 엔진작동 온도를 엔진의 부하상태와 관계없이 항상 일정영역으로 유지할 수 있다.

정답 117.②

118 다음 설명 중 하이브리드 전기자동차의 고전압 장치 점검 시 주의 사항으로 틀린 것은?

① 취급 기술자는 고전압 시스템에 대한 검사와 서비스 교육이 선행되어야 한다.
② 고전압 배터리는 "고전압" 주의 경고가 있으므로 취급 시 주의를 기울어야 한다.
③ 조립 및 탈거 시 고전압 배터리 위에 어떠한 것도 놓지 말아야한다.
④ 이그니션 스위치를 OFF하면 고전압에 대한 위험성이 없어진다.

정답 유추 이론

하이브리드 자동차에서 이그니션(점화) 스위치를 OFF해도 고전압 장치가 OFF된 것이 아니므로 고전압 장치를 차단하려면 안전 스위치(안전 플러그, safety plug)를 제거하여야 한다.

정답 118.④

119 하이브리드 전기 자동차에서 화재발생 시 조치해야 할 사항으로 틀린 것은?

① 화재 진압을 위해 적절한 소화기를 사용한다.
② 차량의 시동키를 OFF하여 전기 동력 시스템 작동을 차단시킨다.
③ 화재 초기 상태라면 트렁크를 열고 신속히 세이프티 플러그를 탈거한다.
④ 고전압 메인 릴레이(+)를 ON하여 고전압 배터리 (+)전원을 인가한다.

정답 유추 이론

① 화재 진압을 위해 적절한 소화기를 사용한다.
② 차량의 시동키를 OFF하여 전기 동력 시스템 작동을 차단시킨다.
③ 화재 초기 상태라면 트렁크를 열고 신속히 세이프티 플러그를 탈거한다.
메인 릴레이(+)를 작동시켜 고전압 배터리를 연결시키는 것은 위험하다.

정답 119.④

120 하이브리드 전기차에서 고전압 배터리 또는 차량화재 발생 시 조치해야 할 사항이 아닌 것은?

① 차량의 시동키를 OFF하여 전기 동력 시스템 작동을 차단시킨다.
② 화재 초기 상태라면 트렁크를 열고 신속히 세이프티 플러그를 탈거한다.
③ 메인 릴레이(+, −)를 작동시켜 고전압 배터리를 방전시킨다.
④ 화재 진압을 위해서는 액체 물질을 사용하지 말고 분말소화기 또는 모래를 이용한다.

정답 유추 이론

① 화재 진압을 위해 적절한 소화기를 사용한다.
② 차량의 시동키를 OFF하여 전기 동력 시스템 작동을 차단시킨다.
③ 화재 초기 상태라면 트렁크를 열고 신속히 세이프티 플러그를 탈거한다.
메인 릴레이를 작동시켜 고전압 배터리를 연결시키는 것은 위험하다.

정답 120.③

02
CHAPTER

전기자동차

01 다음 설명 중 ( )안에 들어갈 내용으로 알맞게 짝지어진 것을 고르시오.

> 일반적으로 물체에 전기가 흐르기 위해서는 (   ), (   ), (   )이 있어야 하며 이를 전기의 3요소라 한다.

① 전류, 도체, 자계
② 전압, 저항, 자기
③ 전류, 전압, 저항
④ 도체, 자기, 자계

정답 유추 이론

전기의 3요소는 전류, 전압, 저항이다.

정답 01.③

---

02 자동차 용어(KS R 0121)에서 충전시켜 다시 쓸 수 없는 전지를 의미하는 것은?

① 1차 전지
② 2차 전지
③ 3차 전지
④ 4차 전지

정답 유추 이론

- **1차 전지와 2차 전지**
  ① 1차 전지 : 방전한 후 충전에 의해 본래의 상태로 되돌릴 수 없는 전지
  ② 2차 전지 : 충전시켜 다시 쓸 수 있는 전지. 납산 배터리, 알칼리 배터리, 기체 전지, 리튬 이온 전지, 니켈-수소 전지, 니켈-카드뮴 전지, 폴리머 전지 등이 있다.

정답 02.①

---

03 전기자동차에 장착된 각종 전기장치 중 전기에너지를 열에너지로 변환하여 이용하는 것은?

① 알터네이터
② 기동전동기
③ 시가라이터
④ 솔레노이드

정답 유추 이론

- **각종 전기장치의 역할**
  ① 알터네이터 : 기계에너지 → 전기에너지로 변환하여 이용
  ② 기동전동기 : 기계에너지 → 전기에너지로 변환하여 이용
  ③ 시가라이터 : 전기에너지 → 열에너지로 변환하여 이용
  ④ 솔레노이드 : 전기에너지 → 기계에너지로 변환하여 이용

정답 03.③

04 다음 설명 중 전자력에 대한 설명으로 틀린 것은?

① 전자력은 자계의 세기에 비례한다.
② 전자력은 자력에 의해 도체가 움직이는 힘이다.
③ 전자력은 도체의 길이, 전류의 크기에 비례한다.
④ 전자력은 자계 방향과 전류의 방향이 평행일 때 가장 크다.

정답 유추 이론

① 전자력은 자계의 세기에 비례한다.
② 전자력은 자력에 의해 도체가 움직이는 힘이다.
③ 전자력은 도체의 길이, 전류의 크기에 비례한다.
④ 전자력은 자계 방향과 전류의 방향이 직각일 때 가장 크다.

정답 04.④

05 그림과 같이 철심에 1, 2차 코일을 감고 1 차측 전류 I_1 이 20A일 때 2차측 전류는?

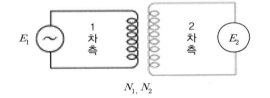

N_1 : 500회 N_2 : 2,500회

I_1 : 20A V_1 : 12V

V_2 : 60V I_2 = ?A

① 4A
③ 10A
② 8A
④ 20A

정답 유추 이론

에너지 보존의 법칙으로 1차 측과 2차측의 전력은 동일하다.

$V_1 I_1 = V_2 I_2$

$I_2 = \dfrac{V_1}{V_2} \times I_1$

$I_2 = \dfrac{12}{60} \times 20 = 4$

정답 05.①

06 도로 차량 - 전기 자동차용 교환형 배터리 일반 요구사항(KS R 1200)에 따른 엔클로저의 종류로 맞는 것은?

① 화제 방지용 엔클로저
② 충격 방지용 엔클로저
③ 누전 방지용 엔클로저
④ 기계적 보호용 엔클로저

정답 유추 이론

■ 도로 차량-전기 자동차용 교환형 배터리 일반 요구사항(KS R 1200)에 따른 엔클로저의 종류
  ① 방화용 엔클로저 : 내부로부터의 화재나 불꽃이 확산되는 것을 최소화 하도록 설계된 엔클로저
  ② 감전 방지용 엔클로저 : 위험 전압이 인가되는 부품 또는 위험 에너지가 있는 부품과의 접촉을 막기 위해 설계된 엔클로저
  ③ 기계적 보호용 엔클로저 : 기계적 또는 기타 물리적인 원인에 의한 손상을 방지하기 위해 설계된 엔클로저

정답 06.④

07 전기 자동차용 배터리 관리 시스템에 대한 일반 요구사항(KS R 1201)에서 다음이 설명하는 것으로 알맞은 것은?

초기 제조상태의 배터리와 비교하여 언급된 성능을 공급할 수 있는 능력이고 배터리 상태의 일반적 조건을 반영한 측정된 상황

① 잔여 운행시간
② 안전 운전 범위
③ 잔존 수명
④ 사이클 수명

정답 유추 이론

■ 배터리 관리 시스템에 대한 일반 요구사항
  ① 잔여 운행시간 : 배터리가 정지 기능 상태가 되기 전까지 유효한 방전상태에서 배터리가 이동성 소비자들에게 전류를 공급할 수 있는 것으로 평가되는 시간
  ② 안전 운전 범위 : 셀이 안전하게 운전될 수 있는 전압, 전류, 온도 범위. 리튬 이온 셀의 경우에는 그 전압 범위, 전류 범위, 피크 전류 범위, 충전시의 온도 범위, 방전 시의 온도 범위를 제작사가 정의한다.
  ③ 잔존 수명 : 초기 제조상태의 배터리와 비교하여 언급된 성능을 공급할 수 있는 능력이 있고 배터리 상태의 일반적인 조건을 반영한 측정된 상황
  ④ 사이클 수명 : 규정된 조건으로 충전과 방전을 반복하는 사이클의 수로 규정된 충전과 방전 종료 기준까지 수행한다.

정답 07.③

08 자동차관리법상 저속전기자동차의 최고속도(km/h) 기준은?
(단, 차량 총중량이 1361kg을 초과하지 않는다.)

① 20   ② 40

③ 60   ④ 80

정답 유추 이론

■ **자동차 관리법 시행규칙 [제57조 2]**
저속전기자동차의 기준 : 저속전기자동차란 최고속도가 매시 60킬로미터를 초과하지 않고 차량 총중량이 1361킬로그램을 초과하지 않는 자동차를 말한다.

정답 08.③

09 슬레이브 BMS의 표면에 인쇄 또는 스티커로 표시되는 항목이 아닌 것은?
(단, 비일체형인 경우로 국한한다.)

① 사용하는 동작 온도범위(℃)

② 저장 보관용 온도범위(℃)

③ 셀 밸런싱용 최대 전류(mA)

④ 적충된 셀 형태의 배터리 셀 최대 전류(A)

정답 유추 이론

■ **슬레이브 BMS 표면에 표시되는 항목**
　① 측정 및 제어하는 배터리 셀(Cell) 및 적충된 셀 형태의 배터리 셀 최대 전압(V)
　② 사용하는 동작 온도범위(℃)
　③ 저장 보관용 온도범위(℃)
　④ 셀 밸런싱용 최대 전류(mA)

정답 09.④

10 Vrms(전압 실효값)에 대한 설명으로 틀린 것은?

① 직류전기의 실효값의 크기
② 교류를 직류로 대체할 때 등가에너지 값
③ 신호의 자승, 평균, 평방근의 값
④ 정현파 교류 파형 최대값의 $\dfrac{1}{\sqrt{2}}$ 이다.

정답 유추 이론

■ **Vrms(전압 실효값)은 다음과 같이 설명할 수 있다.**
① 교류 전기의 실효값의 크기
② 교류를 직류로 대체할 때 등가에너지 값
③ 신호의 자승, 평균, 평방근의 값
④ 정현파 교류 파형 최대값의 $\dfrac{1}{\sqrt{2}}$ 이다

정답 10.①

11 다음 중 LAN(local area network)통신 시스템의 장점으로 틀린 것은?

① 설계 변경에 대한 대응이 쉽다.
② 스위치 또는 액추에이터 근처에는 ECU를 설치할 수 없다.
④ 자동차 전체 ECU를 통합시켜 크기는 증대되었으나 비용은 증가한다.
③ 전기기기의 사용 커넥터 수와 접속 부위의 감소로 신뢰성이 향상되었다.

정답 유추 이론

① 설계 변경에 대한 대응이 쉽다.
② 스위치, 액추에이터 근처에 ECU를 설치할 수 있다.
③ 전기기기의 사용 커넥터 수와 접속 부위의 감소로 신뢰성이 향상되었다.
④ ECU를 통합이 아닌 모듈별로 하여 용량은 작아지고 개수는 증가하여 비용도 증가한다.

정답 11.②

12 자동차에 사용되는 CAN 통신에 대한 설명으로 틀린 것은?
(단, HI-Speed CAN의 경우)

① 표준화된 통신 규약을 사용한다.
② CAN 통신 종단저항은 120Ω을 사용한다.
③ 연결된 모든 네트워크의 모듈은 종단저항이 있다.
④ CAN 통신은 컴퓨터들 사이에 신속한 정보 교환을 목적으로 한다.

정답 유추 이론

① 표준화된 통신 규약을 사용한다.
② CAN 통신 종단저항은 120Ω 을 사용한다.
③ CAN 통신은 컴퓨터들 사이에 신속한 정보 교환을 목적으로 한다.
④ 종단 저항은 연결된 모든 네트워크 주선의 CAN-High선과 CAN-Low선 양단 끝에 있다.

정답 12.③

13 전기자동차에서 사용하는 CAN 통신 시스템의 종류 중 125kbps 이하 속도에 적용되며 등화 및 일반 전기제어(BCM)시스템의 데이터 통신에 응용하는 CAN 통신으로 맞는 것은?

① Low Speed CAN
② High Speed CAN
③ Ultra Sonic CAN
④ Super Speed CAN

정답 유추 이론

① High Speed CAN은 125~IMbps : 고속 CAN은 파워 트레인 등 실시간 제어에 사용
② Low Speed CAN은 10~125kbps : 저속 CAN은 파워 윈도우 등 바디 전장(BCM) 계통의 데이터 통신에 사용

정답 13.①

14 다음 중 CAN 통신의 데이터 버스 구성 요소가 아닌 것은?

① 저항   ② 노드
③ 콘덴서   ④ 쌍꼬임 배선

정답 유추 이론

CAN 데이터 버스 시스템은 최소한 2개의 노드, 최소한 2개의 종단저항, 쌍꼬임(CAN-High 배선, CAN-Low) 배선으로 구성된다.

정답 14.③

15 전기자동차에서 사용하는 통신 중 주행 중 자동차의 급격한 변화에 민첩하게 대응하기 위하여 고속 CAN 통신이 적용되는 부분은?

① 파워 트레인
② 전조등 제어기
③ 차체 전장부품
④ 멀티미디어 장치

정답 유추 이론

주행 중 자동차의 급격한 변화에 민첩하게 대응하기 위하여 파워 트레인 등의 실시간 제어에 고속 CAN 통신이 사용되며, 파워 윈도우 등 바디전장 계통의 데이터 통신에는 저속 CAN이 사용된다.

정답 15.①

16 자동차에 사용하는 CAN 통신 CLASS 구분의 설명으로 가장 거리가 먼 것은? (단, SAE 기준이다.)

① CLASS A : 접지를 기준으로 1개의 와이어링으로 통신선을 구성하고, 진단통신에 응용되며 K- 라인 통신이 이에 해당된다.

② CLASS B : CLASS A보다 많은 정보의 전송이 필요한 경우에 사용되며, 바디전장 및 클러스터 등에 사용되며 저속 CAN에 적용된다.

③ CLASS C : 실시간으로 중대한 정보 교환이 필요한 경우로서 1~10ms 간격으로 데이터 전송 주기가 필요한 경우에 사용되며 파워트레인 계통에서 응용되고 고속 CAN 통신에 적용된다.

④ CLASS D : 수백 수천 bits 의 블록 단위 데이터 전송이 필요한 경우에 사용되며, 멀티미디어 통신에 응용되며 FlexRay 통신에 적용된다.

정답 유추 이론

CLASS D : 수백 수천 bits의 블록 단위 데이터 전송이 필요한 경우에 사용되며, 멀티미디어 통신에 응용되며 MOST 통신에 적용된다.

■ CAN 통신 CLASS 구분 : SAE 정의 기준

구분	특징	적용
CLASS A	1. 통신속도 10kbps 이하 2. 접지를 기준으로 1개의 와이어링으로 통신선 구성 가능 3. 응용분야 바디전장(도어, 시트, 파워윈도우) 등의 구동 신호	K-Line 통신, LIN통신
CLASS B	1. 통신속도 40kbps 내외 2. Class A보다 많은 정보의 전송이 필요할 때 3. 응용분야 바디 전장모듈간 정보교환	J1850 저속 CAN
CLASS C	1. 통신속도 1Mbps 내외 2. 실시간으로 중대한 정보교환이 필요한 경우로서 1~10ms 간격으로 데이터 전송주기가 필요한 경우 사용 3. 응용분야 엔진, 변속기, 섀시 계통간의 정보교환	고속 CAN
CLASS D	1. 통신속도 수십 Mbps 2. 수백 수천 bites의 블록단위 데이터 전송이 필요하다. 3. 응용분야 ' AV, CD, DVD 신호 등의 멀티미디어	MOST IDB1394

정답 16.④

17 자동차 데이터 통신 중에 두 배선(high, low)의 차등 전압을 알 수 없을 때 통신 불량 발생 코드를 표출하는 통신방식은?

① A-CAN 통신

② B-CAN 통신

③ C-CAN 통신

④ D-CAN 통신

정답 유추 이론

C-CAN(CAN등급 C) 통신은 단일배선 적용능력이 없으므로 데이터 통신 중에 하나의 선이라도 단선되면 두 배선의 차등전압을 알 수 없어 통신 불량이 발생하게 된다.

정답 17.③

18 플렉스 레이(Flex Ray) 데이터 버스의 특징으로 거리가 먼 것은?

① 데이터 전송은 비동기 방식이다.

② 데이터를 2채널로 동시에 전송한다.

③ 실시간 능력은 해당 구성에 따라 가능하다.

④ 데이터 전송은 2개의 채널을 통해 이루어진다.

정답 유추 이론

■ 플렉스 레이(Flex Ray) 데이터 버스의 특정

　① 데이터 전송은 2개의 채널을 통해 이루어진다.

　② 최대 데이터 전송속도는 10Mbps이다.

　③ 데이터를 2채널로 동시에 전송함으로써 데이터 안전도는 4배로 상승한다.

　④ 데이터 전송은 동기방식이다.

　⑤ 실시간(real time) 능력은 해당 구성에 따라 가능하다.

정답 18.①

19 자동차관련 용어 정의에서 틀린 것은?
(단, 자동차 및 자동차부품의 성능과 기준에 관한 규칙에 의한다.)

① 자율주행시스템이란 운전자 또는 승객의 조작 없이 주변상황과 도로정보 등을 스스로 인지하고 판단하여 자동차를 운행할 수 있게 하는 자동화 장비, 소프트웨어 및 이와 관련한 일체의 장치

② 자동차안정성 제어장치란 자동차의 주행 중 급제동 시 제동 감속도에 따라 자동으로 경고를 주는 장치

③ 비상자동제동장치란 주행 중 전방 충돌상황을 감지하여 충돌을 완화하거나 회피할 목적으로 자동차를 감속 또는 정지시키기 위하여 자동으로 제동장치를 작동시키는 장치

④ 차로이탈경고장치란 자동차가 주행하는 차로를 운전자의 의도와는 무관하게 벗어나는 것을 운전자에게 경고하는 장치

정답 유추 이론

■ **자동차 및 자동차 부품에 관한 규칙 제2조(정의)**
 ① 64. 자율주행시스템에 대한 설명이다.
 ② 25의6 긴급제동 신호장치에 대한 설명이다.
 ③ 61. 비상자동제동장치에 대한 설명이다.
 ④ 60. 차로이탈 경고장치에 대한 설명이다.

정답 19.②

---

20 자동차 안전기준에 관한 규칙에 명시된 고전압 기준은?

① AC 30V 또는 DC 60V 이상 전기장치
② AC 50V 또는 DC 80V 이상 전기장치
③ AC 60V 또는 DC 60V 이상 전기장치
④ AC 220V 또는 DC 300V 이상 전기장치

정답 유추 이론

■ **자동차 및 자동차 부품에 관한 규칙 제2조(정의)**
52. 고전원 전기장치란 직류(DC) 60V 초과 1500V 이하, 교류(AC 실효치를 말한다.) 30V 초과 1000V 이하의 전기장치를 말한다.

정답 20.③

21 고전원 전기장치 절연 안전성에 대한 기준으로 틀린 것은?

① 고전원 전기장치 보호기구의 노출 도전부는 전기적 섀시와 배선, 용접 또는 볼트 등의 방법으로 전기적으로 접속되어야 한다.

② 노출 도전부와 전기적 섀시 사이의 저항은 0.1Ω 미만이어야 한다.

③ 직류회로 및 교류회로가 독립적으로 구성된 경우 절연저항은 각각 500Ω/V(DC), 400Ω/V(AC) 이상이어야 한다.

④ 직류회로 및 교류회로가 전기적으로 조합되어 있는 경우 절연저항은 500Ω/V 이상 이어야 한다.

정답 유추 이론

■ **자동차 및 자동차 부품에 관한 규칙**

[별표5] 고전원 전기장치 절연 안전성 등에 관한 기준

6. 고전원 전기장치 보호 기구의 노출 도전부는 전기적 섀시와 배선, 용접 또는 볼트 등의 방법으로 전기적으로 접속되어야 하고, 노출 도전부와 전기적 섀시 사이의 저항은 0.1Ω 미만이어야 한다.

7. 가) 직류회로 및 교류회로가 독립적으로 구성된 경우 절연저항은 각각 100Ω/V(DC), 500Ω/V(AC) 이상이어야 한다.

   나) 직류회로 및 교류회로가 전기적으로 조합되어 있는 경우 절연저항은 500Ω/V 이상이어야 한다.

정답 21.③

22 전기 회생 제동장치가 주 제동장치의 일부로 작동되는 경우에 대한 설명으로 틀린 것은? (단, 자동차 및 자동차부품의 성능과 기준에 관한 규칙을 기준으로 한다.)

① 전기 회생 제동력이 해제되는 경우 에는 마찰제동력이 작동하여 1초 이내에 해제 당시 요구 제동력의 75% 이상 도달하는 구조일 것

② 주 제동장치는 하나의 조종장치에 의하여 작동되어야 하며, 그 외의 방법으로는 제동력의 전부 또는 일부가 해제되지 아니하는 구조일 것

③ 주 제동장치의 제동력은 동력 전달 계통으로부터의 구동 전동기 분리 또는 자동차의 변속비에 영향을 받는 구조일 것

④ 주 제동장치 작동 시 전기 회생 제동장치가 독립적으로 제어될 수 있는 경우에는 자동차에 요구되는 제동력을 전기 회생 제동력과 마찰제동력 간에 자동으로 보상하는 구조일 것

정답 유추 이론

■ **자동차 및 자동차 부품에 관한 규칙 "제5조 제동장치" 참조**
① 주 제동장치의 제동력은 동력 전달 계통으로부터의 구동 전동기 분리 또는 자동차의 변속비에 영향을 받지 아니하는 구조일 것.
② 전기 회생 제동력이 해제 되는 경우 에는 마찰제동력이 작동하여 1초 이내에 해제 당시 요구 제동력의 75% 이상 도달하는 구조일 것.
③ 주 제동장치는 하나의 조종장치에 의하여 작동되어야 하며, 그 외의 방법으로는 제동력의 전부 또는 일부가 해제되지 아니하는 구조일 것.
④ 주 제동장치 작동 시 전기 회생 제동장치가 독립적으로 제어될 수 있는 경우에는 자동차에 요구되는 제동력을 전기 회생 제동력과 마찰제동력 간에 자동으로 보상하는 구조일 것.

정답 22.③

23 도로 차량-전기자동차용 교환형 배터리 일반 요구사항(KS R 1200)에 따른 엔클로저의 종류로 틀린 것은?

① 방화용 엔클로저
② 감전 방지용 엔클로저
③ 방전 방지용 엔클로저
④ 기계적 보호용 엔클로저

정답 유추 이론

도로 차량-전기자동차용 교환형 배터리 일반 요구사항(KS R 1200) 중 하나 이상의 기능을 가진 교환형 배터리의 일부분이다

① 방화용 엔클로저 : 내부로부터의 화재나 불꽃이 확산되는 것을 최소화 하도록 설계된 엔클로저 (enclosure)
② 기계적 보호용 엔클로저 : 기계적 또는 기타 물리적인 원인에 의한 손상을 방지하기 위해 설계된 엔클로저(enclosure)
③ 감전 방지용 엔클로저 : 위험 전압이 인가되는 부품 또는 위험 에너지가 있는 부품과의 접촉을 막기 위해 설계된 엔클로저(enclosure)

정답 23.③

24 전기자동차에 적용하는 배터리 중 자기방전이 없고 에너지 밀도가 높으며, 전해질이 겔 타입이고 내진동성이 우수한 방식은?

① 니켈수소 배터리(Ni – H Battery)
② 니켈카드뮴 배터리(Ni – d Battery)
③ 리튬이온 배터리(Li – on Battery)
④ 리튬이온 폴리머 배터리(Li – Pb Battery)

정답 유추 이론

리튬-폴리머 배터리도 리튬이온 배터리의 일종이다. 리튬이온 배터리와 마찬가지로 (+) 전극은 리튬 -금속산화물이고 (−)은 대부분 흑연이다. 액체 상태의 전해액 대신에 고분자 전해질을 사용하는 점이 다르다. 전해질은 고분자를 기반으로 하며, 고체에서 겔(gel) 형태까지의 얇은 막 형태로 생산된다. 고분자 전해질 또는 고분자 겔(gell) 전해질을 사용하는 리튬-폴리머 배터리에서는 전해액의 누설 염려가 없으며 구성 재료의 부식도 적다. 그리고 휘발성 용매를 사용하지 않기 때문에 발화 위험성이 적다. 전해질은 이온전도성이 높고, 전기 화학적으로 안정되어 있어야 하고, 전해질과 활성물질 사이에 양호한 계면을 형성해야 하고, 열적 안정성이 우수해야 하고, 환경부하가 적어야 하며, 취급이 쉽고, 가격이 저렴하여야 한다.

정답 24.④

25 Ni–Cd 배터리에서 일부만 방전된 상태에서 다시 충전하게 되면 추가로 충전한 용량이상의 전기를 사용할 수 없게 되는 연상은?

① 스웰링 현상   ② 메모리 효과

③ 하이드로릭효과   ④ 설페이션 현상

정답 유추 이론

2차선지로 흔히 사용하는 Ni - Cd 배터리는 shallow charge-discharge를 반복하면, 즉 "조금 사용하고 다시 충전하고"를 계속하면 NiOH 고용체를 형성하게 되어 다시는 되돌아가지 못해 남아있는 용량을 사용하지 못하게 된다.
이와 같이 전지가 사용할 수 있는 용량의 한계를 기억하는 것과 같은 현상을 메모리 효과라고 한다.

정답 25.②

26 고전압 배터리의 전기 에너지로부터 구동 에너지를 얻는 전기자동차의 특징을 설명한 것으로 거리가 먼 것은?

① 대용량 고전압 배터리를 탑재한다.

② 변속기를 이용하여 토크를 증대시킨다.

③ 전기 모터를 사용하여 구동력을 얻는다.

④ 전기를 동력원으로 사용하기 때문에 주행 시 배출가스가 없다.

정답 유추 이론

■ **전기 자동차의 특징**
① 대용량 고전압 배터리를 탑재한다.
② 전기 모터를 사용하여 구동력을 얻는다.
③ 변속기가 필요 없으며, 단순한 감속기를 이용하여 토크를 증대시킨다.
④ 외부 전력을 이용하여 배터리를 충전한다.
⑤ 전기를 동력원으로 사용하기 때문에 주행 시 배출가스가 없다.
⑥ 배터리에 100% 의존하기 때문에 배터리 용량 따라 주행거리가 제한된다.

정답 26.②

27 AGM(Absorbent Glass Mat) 배터리에 대한 설명으로 거리가 먼 것은?

① 극판의 크기가 축소되어 출력 밀도가 높아졌다.
② 셀 플러그는 밀폐되어 있기 때문에 열 수 없다.
③ 높은 시동 전류를 요구하는 기관의 시동성을 보장한다.
④ 유리섬유 격리판을 사용하여 충전 사이클 저항성이 향상되었다.

정답 유추 이론

AGM 배터리란 하이브리드 자동차의 ISG 기능으로 인한 잦은 정차와 재시동 때문에 소모되는 에너지를 빠르게 충전할 수 있는 고효율 배터리로, 고밀도 흡습성 글라스 매트(glass mat)로 양·음극판을 감싸게 되고 유리섬유 매트에 황산이 흡수되어 극판은 완전히 밀폐되어 배터리액이 밖으로 흐르지 않도록 안정성을 확보하고, 가스 발생을 최소화함으로써 진동 저항성이 양호하고, 가격이 높지만, 축전지의 수명도 기존의 납산 축전지보다 4배 이상이 되며, 충전 시간이 짧으며 저온에서 시동성이 좋은 배터리이다.

정답 27.①

28 고전압 배터리에 사용되는 리튬이온 폴리머(Li-PB) 배터리의 음극은 어떤 물질로 되어 있는가?

① C (탄소) ② Li (리튬)
③ Ni (니켈) ④ Pb (납)

정답 유추 이론

리튬이온 폴리머 배터리의 음극은 탄소, 양극은 금속산화물을 사용한다.

정답 28.①

29 리튬이온 폴리머 고전압 배터리 1셀의 공칭 전압은?

① 1.2V ② 2.5V
③ 3.75V ④ 5V

정답 유추 이론

리튬이온 폴리머 고전압 배터리 1셀의 전압은 3.75V정도이며, 이것을 수십 개 직렬로 연결하여 고전압 배터리를 구성한다.

정답 29.③

30 전기 자동차의 구조에 대한 설명으로 해당되지 않는 것은?

① 배터리 팩의 고전압을 이용하여 모터를 구동한다.

② 모터의 토크를 증대시키기 위해 감속기가 설치된다.

③ 모터의 속도로 자동차의 속도를 제어할 수 없어 변속기가 필요하다.

④ 통합 전력 제어장치(EPCU)는 VCU, MCU(인버터), LDC가 통합된 구조이다.

정답 유추 이론

■ **전기 자동차 구조**
  ① 360V 27kWh의 배터리 팩의 고전압을 이용해 모터를 구동한다.
  ② 모터의 속도로 자동차의 속도를 제어할 수 있어 변속기는 필요 없다.
  ③ 모터의 토크를 증대시키기 위해 감속기가 설치된다.
  ④ PE룸(내연엔진의 엔진룸)에는 고전압을 PTC 히터, 전동 컴프레서에 공급하기 위한 고전압 정션박스, 그 아래로 완속 충전기(OBC), 전력 제어장치(EPCU)가 배치되어 있다.
  ⑤ 통합 전력 제어장치(EPCU)는 VCU, MCU(인버터), LDC가 통합된 구조이다.

정답 30.③

31 전기 자동차에서 사용하는 고전압 배터리에 대한 설명으로 틀린 것은?

① 리튬 이온 폴리머 배터리를 사용한다.

② 고전압 배터리의 전해질은 액체를 사용한다.

③ 최적의 배터리의 셀 온도는 45℃ 이하로 한다.

④ BMS는 배터리의 모든 셀 전압을 확인한다.

정답 유추 이론

전기 자동차에서 사용하는 고전압 배터리 전해질은 폭발 방지를 위하여 폴리머(젤) 형식을 사용한다.

정답 31.②

32 다음 내용 중 전기 자동차의 급속충전에 대한 설명으로 알맞은 것은?

① AC 100·220V의 전압을 이용하여 고전압 배터리를 충전하는 방법이다.
② 급속충전은 충전 효율이 높아 배터리 용량의 90%까지 충전할 수 있다.
③ 외부에 별도로 설치된 급속 충전기를 사용하여 DC 380V의 고전압으로 고전압 배터리를 충전하는 방법이다.
④ 표준화된 충전기를 사용하여 차량 앞쪽에 설치된 완속 충전기 인렛을 통해 충전하여야 한다.

정답 유추 이론

■ **급속충전 방법**
① 외부에 별도로 설치된 급속 충전기를 사용하여 DC 380V의 고전압으로 고전압 배터리를 빠르게 충전하는 방법이다.
② 연료 주입구 안쪽에 설치된 급속충전 인렛 포트에 급속 충전기 아웃렛을 연결하여 충전한다.
③ 충전 효율은 배터리 용량의 80%까지 충전할 수 있다.

정답 32.③

33 전기 자동차의 충전 방법에서 급속충전 시 고전압 전원의 흐름 순서로 옳은 것은?

① 급속 충전기 → PRA → 고전압 배터리
② 급속 충전기 → PRA → OBC → 고전압 배터리
③ 급속 충전기 → OBC → PRA → 고전압 배터리
④ 급속 충전기 → 고전압 정선블록 → 고전압 배터리

정답 유추 이론

급속 충전 시 전원 공급 순서
급속 충전기 → PRA → 고전압 배터리

정답 33.①

34 다음 내용 중 전기 자동차의 완속 충전에 대한 설명으로 해당되지 않은 것은?

① AC 100·220V의 전압을 이용하여 고전압 배터리를 충전하는 방법이다.
② 급속충전보다 더 많은 시간이 필요하다.
③ 급속충전보다 충전 효율이 높아 배터리 용량의 85%까지 충전할 수 있다.
④ 표준화된 충전기를 사용하여 차량 앞쪽에 설치된 완속 충전기 인렛을 통해 충전하여야 한다.

정답 유추 이론

■ 완속 충전
  ① AC 100·220V의 전압을 이용하여 고전압 배터리를 충전하는 방법이다.
  ② 표준화된 충전기를 사용하여 차량 앞쪽에 설치된 완속 충전기 인렛을 통해 충전하여야 한다.
  ③ 급속충전보다 더 많은 시간이 필요하다.
  ④ 급속충전보다 충전 효율이 높아 배터리 용량의 90%까지 충전할 수 있다.

정답 34.③

35 전기 자동차의 충전 방법에서 완속충전 시 충전 전류의 흐름 순서로 옳은 것은?

① 완속 충전기 → OBC → 고전압 정션블록 → PRA → 고전압 배터리
② 완속 충전기 → OBC → PRA → 고전압 정션블록 → 고전압 배터리
③ 완속 충전기 → 고전압 정션블록 → OBC → PRA → 고전압 배터리
④ 완속 충전기 → 고전압 정션블록 → PRA → OBC → 고전압 배터리

정답 유추 이론

■ 완속 충전시 전원 공급 순서
  완속 충전기 → OBC → 고전압 정션블록 → PRA → 고전압 배터리

정답 35.①

36 일반 상용 전원인 220V의 AC 전압을 이용하여 고전압 배터리를 충전하는 장치는?

① OBC ② MCU

③ LDC ④ HPCU

정답 유추 이론

OBC(On Board Charger)는 220V 전기를 이용하여 고전압 배터리를 충전시킨다.

정답 36.①

37 전기 자동차용 고전압 배터리의 충전에 대한 설명으로 틀린 것은?

① 완속충전을 위해 OBC 장치가 있다.

② 급속 충전은 30분 내외의 시간이 소요된다.

③ 완속충전은 AC 100/220V의 전압을 이용한다.

④ 급속충전은 AC 300V 이상의 고전압을 이용한다.

정답 유추 이론

급속 충전은 급속 충전기기를 사용해 DC400V의 고전압으로 고전압 배터리를 충전한다.

정답 37.④

38 전기 자동차의 고전압 배터리의 충전 상태를 표현하는 것으로 옳은 것은?

① SOH(State Of Health) ② SOC(State Of Charge)

③ PRA(Power Relay Assembly) ④ BMS(Battery Management System)

정답 유추 이론

SOC(State of Charge)란 고전압 배터리에서 사용 가능한 에너지, 즉 배터리의 정격용량 대비 방전 가능한 전류량의 백분율을 말한다.
(SOC = 잔존 배터리 용량/정격용량)

정답 38.②

39 전기 자동차의 고전압 배터리가 충·방전 과정에서 발생한 셀 간의 전압 편차를 동일한 전압으로 매칭하여 배터리 수명과 효율 증대를 갖게 하는 것은?

① 파워 밸런싱　　　　　　　　　② 셀 밸런싱
③ 파워 제한　　　　　　　　　　④ 배터리 냉각제어

정답 유추 이론

고전압 배터리의 비정상적인 충전 또는 방전에서 기인하는 배터리 셀 사이의 전압 편차를 조정하여 배터리 내구성, 충전 상태(SOC) 에너지 효율을 극대화시키는 기능을 셀 밸런싱이라고 한다.

정답 39.②

40 전기 자동차의 고전압회로 구성품 중에서 고전압 배터리의 셀 밸런싱 제어를 담당하는 구성품으로 옳은 것은?

① MCU(Motor Control Unit)
② LDC(Low DC–DC Convertor)
③ ECM(Electronic Control Module)
④ BMS(Battery Management System)

정답 유추 이론

BMS(Battery Management System)는 고전압 배터리 시스템의 열적, 전기적 기능을 제어 또는 관리하고 배터리 시스템과 다른 차량 제어기와의 사이에서 통신(HCU 또는 MCU)을 제공하며, SCO 추정, 파워 제한, 냉각 제어, 릴레이 제어, 셀 밸런싱, 고장진단 등을 수행한다.

정답 40.④

41 전기 자동차에서 고전압 배터리의 잔존 에너지를 표시하는 것은?

① SOC(State Of Charge)
② PRA(Power Relay Assemble)
③ LDC(Low DC–C Converter)
④ BMU(Battery Management Unit)

정답 유추 이론

① SOC(State Of Charge) : SOC(배터리 충전율)는 배터리의 사용 가능한 에너지를 표시한다.
② PRA(Power Relay Assemble) : BMU의 제어신호에 의해 고전압 배터리 팩과 고전압 조인트박스 사이의 DC 360V 고전압을 ON, OFF 및 제어 하는 역할을 한다.
③ LDC(Low DC-DC Converter) : 고전압 배터리의 DC 전원을 차량의 전장용에 적합한 낮은 전압의 DC 전원(저전압)으로 변환하는 시스템이다.
④ BMU(Battery Management Unit) : 고전압 배터리의 SOC(State Of Charge), 출력, 고장 진단, 배터리 셀 밸런싱(Cell Balancing), 시스템 냉각, 전원 공급 및 차단을 제어한다.

정답 41.①

42 전기 자동차의 리튬이온 폴리머 배터리에서 셀의 균형이 깨지고 셀 충전용량 불일치로 인한 사항을 방지하기 위한 제어는?

① 셀 그립 제어　　　　　　　　② 셀 서지 제어
③ 셀 펑션 제어　　　　　　　　④ 셀 밸런싱 제어

정답 유추 이론

고전압 배터리의 비정상적인 충전 또는 방전에서 기인하는 배터리 셀 사이의 전압 편차를 조정하여 배터리 내구성, 충전 상태(SOC) 에너지 효율을 극대화시키는 기능을 셀 밸런싱이라고 한다.

정답 42.④

43 전기 자동차의 고전압회로에 대한 설명으로 해당되지 않는 것은?

① 파워 릴레이(PRA)는 구동용 전원을 차단 및 연결하는 역할을 한다.

② 급속충전 릴레이(QRA)는 급속 충전기에 연결될 때 급속 충전기의 ON신호를 받아 고전압 배터리에 충전할 수 있도록 전원을 연결하는 기능을 한다.

③ 전동식 에어컨 컴프레서, PTC 히터, LDC, OBC에 공급되는 고전압은 정션박스를 통해 전원을 공급 받는다.

④ 배터리 팩에 고전압 배터리와 파워 릴레이 어셈블리, 전류센서 및 고전압을 차단할 수 있는 안전 플러그가 장착되어 있다.

정답 유추 이론

급속충전 릴레이(QRA)는 급속 충전기에 연결될 때 BMU(Battery Management Unit)의 신호를 받아 고전압 배터리에 충전할 수 있도록 전원을 연결하는 기능을 한다.

정답 43.②

44 다음 중 파워 릴레이 어셈블리에 설치되며 인버터의 커패시터를 초기 충전할 때 충전전류에 의한 고전압회로를 보호하는 것은?

① 메인 릴레이

② 안전 스위치

③ PTC 릴레이

④ 프리 차지 레지스터

정답 유추 이론

① 프리차지 릴레이 및 프리차지 레지스터는 파워 릴레이 어셈블리(PRA)에 설치되어 있으며, MCU는 IG ON시 메인릴레이 (+)를 작동시키기 이전에 프리차지 릴레이를 먼저 동작시켜 프리 차저 레지스터를 통해 270V 고전압이 인버터 측으로 공급되기 때문에 돌입 전류에 의한 인버터의 손상을 방지한다.

② 메인 릴레이는 파워 릴레이 어셈블리에 설치되어 있으며, 고전압 배터리의 (+, −) 출력라인과 연결되어 배터리 시스템과 고전압회로를 연결하는 역할을 한다. 고전압 시스템을 분리시켜 감전 및 2차 사고를 예방하고 고전압 배터리를 전기적으로 분리하여 암 전류를 차단한다.

③ 안전 스위치 : 안전 스위치는 파워 릴레이 어셈블리에 설치되어 있으며, 기계적인 분리를 통하여 고전압 배터리 내부 회로를 연결 또는 차단하는 역할을 한다.

정답 44.④

45 전기 자동차에서 기계적인 분리를 통하여 고전압 배터리 내부의 고전압회로 연결을 차단하는 장치는?

① 전류 센서　　　　　　　　　② 메인 릴레이
③ 안전 플러그　　　　　　　　④ 메인 스위치

정답 유추 이론

안전 플러그는 고전압 배터리 팩, 파워 릴레이 어셈블리, 급속 충전 릴레이, BMU, 모터, EPCU, 완속충전기, 고전압 조인트 박스, 파워 케이블, 전기 모터식 에어컨 컴프레서가 연결되어 있으며, 정비 작업 시 기계적인 분리를 통하여 고전압 배터리 내부 회로를 연결 또는 차단하는 역할을 한다.

정답 45.③

46 전기 자동차 고전압 배터리 시스템의 제어 특성에서 모터 구동을 위하여 고전압 배터리에서 전기 에너지를 방출하는 모드로 맞는 것은?

① 제동 모드　　　　　　　　　② 충전 모드
③ 방전 모드　　　　　　　　　④ 회생 모드

정답 유추 이론

방전 모드란 전압 배터리 시스템의 제어 특성에서 모터 구동을 위하여 고전압 배터리가 전기 에너지를 방출하는 동작 모드이다.

정답 46.③

47 고전압 배터리 관리 시스템의 메인 릴레이를 작동시키기 전에 프리차지 릴레이를 작동시키는데 프리차지 릴레이의 기능이 아닌 것은?

① 등화 장치 보호
② 고전압 회로보호
③ 고전압 부품보호
④ 고전압 배터리 보호

정답 유추 이론

프리 차지 릴레이는 파워 릴레이 어셈블리에 장착되어 인버터의 커패시터를 초기에 충전할 때 고전압 배터리와 고전압 회로를 연결하는 역할을 한다.

스위치 IG ON을 하면 프리 차지 릴레이와 레지스터를 통해 흐른 전류가 인버터 내의 커패시터에 충전이 되고 충전이 완료 되면 프리 차지 릴레이는 OFF 된다.

① 초기에 커패시터의 충전 전류에 의한 고전압 회로를 보호한다.
② 다른 고전압 부품을 보호한다.
③ 고전압 메인 퓨즈, 부스 바, 와이어 하니스를 보호한다.

PRA(Power Relay Assembly)는 고전압 배터리의 기계적인 분리(암전류 차단), 고전압 회로 과전류 보호(Fuse), 전장품 보호(초기 충전회로 적용), 고전압 정비시 작업자 보호를 위해 안전 스위치(Safety S/W)가 적용되어 있다.

정답 47.①

48 전기 자동차의 고전압 배터리 컨트롤러 모듈인 BMU의 제어 기능에 해당하지 않는 것은?

① 고전압 배터리의 SOC 제어
② 배터리 셀 밸런싱 제어
③ 배터리 출력 제어
④ 안전 플러그 제어

정답 유추 이론

고전압 배터리 컨트롤러 모듈(BMU ; Battery Management Unit) 고전압 배터리의 SOC(State Of Charge), 출력, 고장 진단, 배터리 셀 밸런싱(Cell Balancing), 시스템 냉각, 전원 공급 및 차단을 제어한다.

정답 48.④

49 파워 릴레이 어셈블리(PRA) 내에 장착되어 있으며 IG On 시, 인버터의 커패시터를 초기 충전할 때 고전압 배터리와 고전압 회로를 연결하는 기능을 하는 장치는?

① 메인 릴레이(+, −)   ② 전류 센서
③ 승온 히터 센서   ④ 프리차지 릴레이

정답 유추 이론

인버터의 커패시터를 초기 충전할 때는 프리차지 릴레이가 On 되며 충전이 완료되면 릴레이는 OFF 된다.

정답 49.④

---

50 전기 자동차에서 파워 릴레이 어셈블리(Power Relay Assembly) 기능에 대한 설명으로 틀린 것은?

① 동승자 보호   ② 전장품 보호
③ 고전압회로 과전류 보호   ④ 고전압 배터리 암 전류 차단

정답 유추 이론

파워 릴레이 어셈블리의 기능은 전장품 보호, 고전압회로 과전류 보호, 고전압 배터리 암 전류 차단 등이다.

정답 50.①

---

51 전기 자동차의 고전압회로 구성품 중 파워 릴레이 어셈블리(PRA) 장치에 포함되지 않는 것은?

① 메인 릴레이(+, −)   ② 전류 센서
③ 승온 히터 온도센서   ④ 프리차지 릴레이

정답 유추 이론

파워 릴레이 어셈블리(PRA) 장치는 메인 릴레이(+, −), 프리차지 릴레이, 프리차지 저항, 승온 히터 릴레이, 승온 히터 퓨즈, 전류센서 등으로 구성되어 있다.

정답 51.③

52 전기 자동차가 주행 중 고전압 배터리의 (+)전원을 인버터로 공급하는 구성품은?

① 전류 센서
② 고전압 배터리
③ 메인 릴레이
④ 프리 차지 릴레이

정답 유추 이론

메인 릴레이는 파워 릴레이 어셈블리에 설치되어 있으며, 고전압 배터리의 (+, −) 출력 라인과 연결되어 배터리 시스템과 고전압회로를 연결하는 역할을 한다. 고전압 시스템을 분리 시켜 감전 및 2차 사고를 예방하고 고전압 배터리를 전기적으로 분리하여 암 전류를 차단한다.

프리 차지 릴레이는 파워 릴레이 어셈블리에 장착되어 있으며, 인버터의 커패시터를 초기에 충전할 때 고전압 배터리와 고전압 회로를 연결하는 역할을 한다. 스위치를 ON 시키면 프리 차지 릴레이와 레지스터를 통해 흐른 전류가 인버터 내의 커패시터에 충전이 되고 충전이 완료되면 프리 차지 릴레이는 OFF 된다.

정답 52.③

53 전기 자동차에 작용된 커패시터(콘덴서)는 고전압의 전력을 안정적으로 공급하기 위해 적용되어 있다. 고전압 차단 시 커패시터에 저장된 고전압을 1초 이내에 60V 이하로 방전시키는 방법은?

① 고전압을 구동 모터의 코일로 흘려 발열 작용으로 방전
② 고전압을 구동 모터의 코일로 흘려 자기 작용으로 방전
③ 고전압을 고전압 배터리로 흘려 화학 작용으로 방전
④ 고전압을 고전압 배터리로 흘려 충전 작용으로 방전

정답 유추 이론

전기 자동차 시스템에서 Key OFF만 해도 1초 이내에 커패시터에 저장된 고전압을 구동 모터의 코일로 흘려 열로써 방전하도록 제어한다.

정답 53.①

54 전기 자동차에서 돌입 전류에 의한 인버터 손상을 방지하는 것은?

① 메인 릴레이와 저항
② 프리차지 릴레이와 저항
③ 안전 스위치와 퓨즈
④ 부스 바 및 저항

정답 유추 이론

프리차지 릴레이 저항은 키 스위치가 ON 상태일 때 모터 제어 유닛은 고전압 배터리 전원을 인버터로 공급하기 위해 메인 릴레이 (+)와 (−) 릴레이를 작동시키는데 프리 차지 릴레이는 메인 릴레이 (+)와 병렬로 회로를 구성한다. 모터 제어 유닛은 메인 릴레이 (+)를 작동시키기 전에 프리 차지 릴레이를 먼저 작동시켜 고전압 배터리 (+)전원을 인버터 쪽으로 인가한다.
프리 차지 릴레이가 작동하면 레지스터를 통해 고전압이 인버터 쪽으로 공급되기 때문에 순간적인 돌입 전류에 의한 인버터의 손상을 방지할 수 있다.

정답 54.②

55 전기 자동차에서 수동으로 고전압 배터리 연결 회로를 단선시켜 차량에 공급되는 고전압 전원을 차단할 수 있는 장치는?

① MCU 커넥터
② 안전 플러그
③ LDC 커넥터
④ 컨버터 플러그

정답 유추 이론

안전 플러그(세이프티 플러그) 또는 인터락 커넥터는 수동으로 고전압 배터리 전원을 차단할 수 있다.

정답 55.②

56 전기 자동차용 배터리 관리 시스템에 대한 일반 요구사항(KSR 1201)에서 다음이 설명하는 것은?

> 배터리가 정지기능 상태가 되기 전까지의 유효한 방전상태에서 배터리가 이동성 소자들에게 전류를 공급할 수 있는 것으로 평가되는 시간

① 잔여 운행 시간
② 안전 운전 범위
③ 잔존 수명
④ 사이클 수명

정답 유추 이론

전기 자동차용 배터리 관리 시스템에 대한 일반 요구사항(KSR 1201) 중 용어와 정의에서 잔여 운행 시간(remaining run time)에 대한 정의이다.

정답 56.①

57 고전압 배터리 및 고전압 회로를 과전류로부터 보호하는 기능을 하는 것은?

① 안전 플러그
② 급속 충전 릴레이
③ 프리 차지 릴레이
④ 메인 퓨즈

정답 유추 이론

메인 퓨즈(250A 퓨즈)는 안전 플러그 내에 장착되어 있으며, 고전압 배터리 및 고전압 회로를 과전류로부터 보호하는 기능을 한다.

정답 57.④

58 전기 자동차 및 플러그인 하이브리드 자동차의 복합 1회 충전 주행거리(km) 산정 방법으로 옳은 것은? (단, 자동차의 에너지 소비효율 및 등급표시에 관한 규정에 의한다.)

① 0.55 × 도심 주행 1회 충전 주행거리 + 0.45 × 고속도로 주행 1회 충전 주행거리
② 0.45 × 도심 주행 1회 충전 주행거리 + 0.55 × 고속도로 주행 1회 충전 주행거리
③ 0.5 × 도심 주행 1회 충전 주행거리 + 0.5 × 고속도로 주행 1회 충전 주행거리
④ 0.6 × 도심 주행 1회 충전 주행거리 + 0.4 × 고속도로 주행 1회 충전 주행거리

정답 유추 이론

■ 산업통상재부고시 "자동차 에너지 소비효율 및 등급 표시에 관한 규정"
[별표1] 자동차의 에너지 소비효율 산정 방법 등 4항 전기자동차 및 플러그인 하이브리드 자동차의 1회 충전 주행거리 산정 방법
① 복합 1회 충전 주행거리(km) = 0.55 × 도심 주행 1회 충전 주행거리 + 0.45 × 고속도로 주행 1회 충전 주행거리

정답 58.①

59 전기자동차의 고전압 배터리 냉각시스템에 대한 설명 중 틀린 것은?

① EWP는 고전압 부품과 고전압 배터리를 냉각시킨다.
② 냉각시스템은 배터리 셀의 온도를 30℃ 이하로 유지시킨다.
③ 3-WAY 밸브는 BMS에 의해 제어되며 냉각수의 흐름을 제어한다.
④ 냉각시스템 제어기는 냉각 대상 부품의 온도에 따라 EWP rpm을 제어한다.

정답 유추 이론

냉각시스템은 배터리 셀의 온도를 45℃ 이하로 유지 시킨다.

정답 59.②

60 전기 자동차의 배터리 시스템 어셈블리 내부의 공기 온도를 감지하는 역할을 하는 것은?

① 파워 릴레이 어셈블리
② 프리차지 릴레이
③ 고전압 배터리 히터 릴레이
④ 고전압 배터리 인렛 온도 센서

정답 유추 이론

고전압 배터리 인렛 온도 센서는 고전압 배터리 1번 모듈 상단에 장착되어 있으며, 배터리 시스템 어셈블리 내부의 공기 온도를 감지하는 역할을 한다.

정답 60.④

61 전기 자동차 배터리 충전 중 고전압 배터리 셀이 과충전 시 메인 릴레이, 프리차지 릴레이 코일의 접지 라인을 차단하는 것은?

① 배터리 전압 차단 스위치
② 배터리 전류 차단 스위치
③ 고전압 릴레이 차단 스위치
④ 급속 충전 릴레이 스위치

정답 유추 이론

고전압 릴레이 차단 장치(VPD)는 각 모듈 상단에 장착되어 있으며, 고전압 배터리 셀이 과 충전에 의해 부풀어 오르는 상황이 되면 VPD에 의해 메인 릴레이 (+), 메인 릴레이 (−), 프리차지 릴레이 코일의 접지 라인을 차단하여 과충전 시 메인 릴레이 및 프리차지 릴레이의 작동을 금지 시킨다.

정답 61.③

62 전기 자동차에 사용하는 구동 전동기에서 요구되는 조건으로 틀린 것은?

① 속도제어가 쉬워야 한다.

② 구동 토크가 작아야 한다.

③ 고출력 및 소형화해야 한다.

④ 취급 및 보수가 간편해야 한다.

정답 유추 이론

■ **구동 전동기에서 요구되는 조건**
   ① 구동 토크가 커야 한다.
   ② 고출력 및 소형화해야 한다.
   ③ 속도제어가 쉬워야 한다.
   ④ 취급 및 보수가 간편해야 한다.

정답 62.②

63 삼상 교류 모터에서 회전속도를 결정짓는 요소 중 틀린 것은?

① 모터의 극수   ② 전류의 세기

③ 교류 주파수   ④ 슬립율

정답 유추 이론

모터의 회전속도는 모터의 극(+, −)수와 주파수(Hz) 및 슬립율에 따라 변화된다.

$$N = \frac{120f}{P}(1-s)(\text{RPM})$$

여기서, N: 모터의 회전속도 (RPM)
   f : 주파수(Hz)
   p : 극의 수
   s : 슬립율

정답 63.②

64 전기 자동차의 동력제어 장치에서 구동 모터의 회전 토크와 회전속도를 자유롭게 제어할 수 있도록 직류를 교류로 변환하는 장치는?

① 컨버터

② 리졸버

③ 인버터

④ 커패시터

정답 유추 이론

■ **용어의 정의**

① 컨버터 : AC 전원을 DC 전원으로 변환하는 역할을 한다.

② 리졸버 : 모터에 부착된 로터와 리졸버의 정확한 상(phase)의 위치를 검출하여 MCU로 입력시킨다.

③ 인버터 : 모터의 회전속도와 회전력을 자유롭게 제어할 수 있도록 직류를 교류로 변환하는 장치이다.

④ 커패시터 : 배터리와 같이 화학반응을 이용하여 축전(蓄電)하는 것이 아니라 콘덴서(condenser)와 같이 전자를 그대로 축적해 두고 필요할 때 방전하는 것으로 짧은 시간에 큰 전류를 축적하거나 방출할 수 있다.

정답 64.③

65 전기 자동차의 고전압회로 구성품 중 모터 컨트롤 유닛(MCU)에 대한 설명으로 틀린 것은?

① 고전압 직류를 저전압 직류로 변환하는 기능을 한다.

② 회생제동 시 컨버터(AC → DC 변환)의 기능을 수행한다.

③ 고전압 배터리의 직류를 3상 교류로 바꾸어 모터에 공급한다.

④ 회생제동 시 모터에서 발생되는 3상교류를 직류로 바꾸어 고전압 배터리에 공급한다.

정답 유추 이론

■ **모터 컨트롤 유닛(MCU)의 기능**

고전압 배터리의 직류를 3상 교류로 바꾸어 모터에 공급하며, 회생제동을 할 때 모터에서 발생되는 3상 교류를 직류로 바꾸어 고전압 배터리에 공급하는 컨버터(AC → DC 변환)의 기능을 수행한다.

정답 65.①

66 전기 자동차에서 동력 발생용 구동 모터로 가장 많이 사용하는 모터의 형식은?

① 직류직권 비동기 모터
② 직류복합 동기 모터
③ 영구자석 비동기 모터
④ 영구자석 동기 모터

정답 유추 이론

전기 자동차에서는 유도 자석 비동기 모터를 특정 자동차에서 사용하나, 주로 영구자석 동기 모터를 많이 사용한다.

정답 66.④

67 전기 자동차에서 구동 모터 제어용으로 사용하는 모터 제어기의 기능 설명으로 틀린 것은?

① 모터 제어기는 인버터라고도 한다.
② 통합 제어기의 명령을 받아 모터의 구동 전류를 제어한다.
③ 배터리 충전을 위한 에너지 회수 기능을 담당한다.
④ 고전압 배터리의 교류 전원을 모터의 작동에 필요한 3상 직류 전원으로 변경하는 기능을 한다.

정답 유추 이론

모터 제어기는 고전압 배터리의 직류 전원을 모터의 작동에 필요한 3상 교류 전원으로 변화시켜 통합 제어기(VCU ; Vehicle Control Unit)의 신호를 받아 모터의 구동 전류 제어와 감속 및 제동할 때 모터를 발전기 역할로 변경하여 배터리 충전을 위한 에너지 회수 기능(3상 교류를 직류로 변경)을 한다. 모터 제어기를 인버터(inverter)라고도 부른다.

정답 67.④

68 전기 자동차에는 직류를 교류로 변환하여 교류 모터를 사용하고 있다. 교류 모터에 대한 장점으로 틀린 것은?

① 효율이 좋다.
② 소형화 및 고속 회전이 가능하다.
③ 브러시가 없어 보수할 필요가 없다.
④ 모터의 구조가 비교적 복잡하다.

정답 유추 이론

■ **교류 모터의 장점**
① 모터의 구조가 비교적 간단하며, 효율이 좋다.
② 큰 동력화가 쉽고, 회전변동이 적다.
③ 소형화 및 고속 회전이 가능하다.
④ 브러시가 없어 보수할 필요가 없다.
⑤ 회전 중의 진동과 소음이 적다.
⑥ 수명이 길다.

정답 68.④

69 전기 자동차의 모터 컨트롤 유닛(MCU) 취급 시 유의 사항이 아닌 것은?

① 충격이 가해지지 않도록 주의한다.
② 손으로 만지거나 전기 케이블을 임의로 탈착하지 않는다.
③ 안전 플러그를 제거하지 않은 상태에서 모터 컨트롤 유닛을 탈착한다.
④ 컨트롤 유닛이 자기보정을 하므로 AC 3상 케이블의 각 상간 연결의 방향을 정확한 위치에 조립한다.

정답 유추 이론

안전 플러그를 제거하지 않은 상태에서는 만지지 않는다.
모터 컨트롤 유닛이 자기보정을 하기 때문에 U, V, W의 3상 파워 케이블을 정확한 위치에 조립한다.

정답 69.③

70 전기 자동차의 컨버터(converter)와 인버터(inverter)의 전기 특성 표현으로 옳은 것은?

① 컨버터(converter) : AC에서 DC로 변환, 인버터(inverter) : DC에서 AC로 변환
② 컨버터(converter) : DC에서 AC로 변환, 인버터(inverter) : AC에서 DC로 변환
③ 컨버터(converter) : AC에서 AC로 승압, 인버터(inverter) : DC에서 DC로 승압
④ 컨버터(converter) : DC에서 DC로 승압, 인버터(inverter) : AC에서 AC로 승압

정답 유추 이론

컨버터(converter)는 AC를 DC로 변환시키는 장치이고, 인버터(inverter)는 DC를 AC로 변환시키는 장치이다.

정답 70.①

71 전기 자동차의 모든 제어기를 종합적으로 제어하는 최상위 마스터 컴퓨터로서 운전자의 요구사항에 적합하도록 최적인 상태로 차량의 속도, 배터리 및 각종 제어기를 제어하는 것은?

① 차량 자세제어 장치(VDC)
② 차량 제어 유닛(VCU)
③ 전력 통합 제어 장치(EPCU)
④ 모터 제어 유닛(MCU)

정답 유추 이론

■ 전력 통합 제어 장치의 기능
① 차량 제어 유닛(VCU) : 차량 제어 유닛은 모든 제어기를 종합적으로 제어하는 최상위 마스터 컴퓨터로서 운전자의 요구사항에 적합하도록 최적인 상태로 차량의 속도, 배터리 및 각종 제어기를 제어한다.
② 전력 통합 제어 장치(EPCU) : 전력 통합 제어장치는 대전력량의 전력 변환 시스템으로서 차량 제어 유닛(VCU) 및 인버터(Inverter), LDC 및 OBC 등으로 구성되어 있다.
③ 모터 제어기(MCU) : MCU는 내부의 인버터(Inverter)가 작동하여 고전압 배터리로부터 받은 직류(DC) 전원을 3상 교류(AC) 전원으로 변환시킨 후 전기 자동차의 통합 제어기인 VCU의 명령을 받아 구동 모터를 제어하는 기능을 한다.

정답 71.②

72 전기 자동차에 사용되는 영구자석 동기 모터의 회전원리를 설명한 것 중 틀린 것은?

① 스테이터의 자력에 따라 로터가 회전한다.

② 파워 모듈은 교류전류 커브를 생성하여 모터를 구동한다.

③ 동기 모터의 U, V, W 상에 공급되는 교류는 120°의 위상차를 갖는다.

④ 동기 모터의 회전수와 토크 제어를 위해 인버터를 이용한다.

정답 유추 이론

■ **전기자동차에 사용되는 동기 모터의 회전원리**

① 스테이터의 자력에 따라 로터가 동기되어 회전한다.

② 인버터는 교류 전류 커브를 생성하여 모터를 구동한다.

③ 동기 모터의 U, V, W, 상에 공급되는 교류는 120°의 위상차를 갖는다.

④ 동기 모터의 회전수와 토크 제어를 위해 인버터를 이용한다.

정답 72.②

73 전기 자동차의 주행 모드에서 출발·가속에 대한 설명으로 해당 되지 않는 것은?

① 고전압 배터리에 저장된 전기 에너지를 이용하여 구동 모터로 주행한다.

② 언덕길을 주행할 때는 변속기와 모터의 회전력을 조절하여 주행한다.

③ 가속 페달을 더 밟으면 모터는 더 빠르게 회전하여 차속이 높아진다.

④ 큰 구동력을 요구하는 출발과 언덕길 주행 시는 모터의 회전속도는 낮아진다.

정답 유추 이론

언덕길을 주행할 때도 변속기 없이 순수 모터의 회전력을 조절하여 주행한다.

정답 73.②

74 전기 자동차에 사용되는 동기 모터에 대한 설명으로 틀린 것은?

① 영구자석을 이용한 동기 모터를 사용한다.

② 로터의 위치를 인식 및 학습하는 리졸버 센서가 장착되어 있다.

③ 모터 및 EPCU 교환 시 리졸버 센서의 초기화 학습이 필요하다.

④ 모터의 속도와 토크 제어는 저항을 사용한 전류 제어방식을 사용한다.

정답 유추 이론

■ **전기 자동차에 사용되는 동기 모터에 대한 설명**
  ① 영구자석을 이용한 동기 모터를 사용한다.
  ② 로터의 위치를 인식 및 학습하는 리졸버 센서가 장착되어 있다.
  ③ 모터 및 EPCU 교환 시 리졸버 센서의 초기화 학습이 필요하다.
  ④ 모터의 속도와 토크 제어는 PWM 방식으로 전압과 주파수를 동시에 가변 제어한다.

정답 74.④

75 전기 자동차의 구동 모터 3상의 단자 명으로 맞는 것은?

① U, W, Z

② V, X, R

③ W, U, V

④ R, S, T

정답 유추 이론

구동 모터는 3상 파워 케이블이 배치되어 있으며, 3상의 파워 케이블의 단자는 U 단자, V 단자, W 단자가 있다.

정답 75.③

76 전기 자동차용 구동 모터의 효율을 높이기 위하여 모터의 회전자 위치를 인식하여 학습하는 장치는?

① 감속기
② 리졸버 센서
③ 휠 속도센서
④ 모터 컨트롤 유니트

정답 유추 이론

리졸버 센서는 모터 내의 회전자(로터)의 위치를 확인하여 교류 모터의 효율을 높이는 데 도움을 준다.

정답 76.②

77 전기 자동차가 주행 중 감속 또는 제동상태에서 모터가 발전기로 전환되어 운동에너지의 일부를 전기 에너지로 변환하는 기능으로 맞는 것은?

① 가속 제동
② 전기 제동
③ 회생 제동
④ 주행 제동

정답 유추 이론

감속이나 브레이크를 작동할 때 구동 모터는 바퀴에 의해 구동되어 발전기의 역할을 한다. 즉 감속이나 브레이크를 작동할 때 발생하는 제동 에너지를 전기에너지로 변환하여 배터리를 충전시키는 과정을 회생 제동이라 한다.

정답 77.③

78 전기 자동차에서 모터의 속도와 토크를 제어하기 위해 사용하는 방식으로 옳은 것은?

① 전류제어방식으로 저항을 사용하여 전력을 변화시키며 제어한다.
② 회전수와 토크를 제어하기 위해 인버터를 이용하여 모터를 구동한다.
③ 통합형 전동식 제동장치를 사용하여 속도와 토크를 제어한다.
④ 듀티 제어방식(전류제어)으로 전압과 주파수를 동시에 가변 제어한다.

정답 유추 이론

회전수와 토크를 제어하기 위해 인버터를 이용하여 직류를 교류로 변환하여 모터를 구동한다.
인버터 제어방식은 PWM방식(전압제어)으로 전압과 주파수를 동시에 가변 제어하여 모터의 속도 및 토크를 제어할 수 있다.

정답 78.②

79 전기 자동차에서 모터의 회전자와 고정자의 위치를 감지하는 것은?

① 모터 위치 센서
② 인버터 위치 센서
③ 회전 경사각 센서
④ 회전자 속도 센서

정답 유추 이론

모터 위치 센서는 모터를 제어하기 위해 모터의 회전자와 고정자의 절대 위치를 검출한다. 리졸버를 이용한 회전자의 위치 및 속도 정보를 통하여 MCU는 최적으로 모터를 제어할 수 있게 된다. 리졸버는 리어 플레이트에 장착되며, 모터의 회전자와 연결된 리졸버 회전자와 고정자로 구성되어 엔진의 CMP 센서처럼 모터 내부의 회전자 위치를 파악한다.

정답 79.①

80 전기 자동차에 구동 모터와 일체형으로 사용되는 감속기의 주요 기능에 해당하지 않는 것은?

① 감속 기능 : 모터 구동력 증대
② 증속 기능 : 증속 시 다운시프트 적용
③ 차동 기능 : 차량 선회 시 좌·우 바퀴 차동
④ 파킹 기능 : 운전자 P단조작 시 차량 파킹

정답 유추 이론

전기 자동차의 감속기는 구동 모터로부터 동력을 전달받아 속도는 감속하고 구동력을 증대시키는 기능과 차량 선회 시 좌우 바퀴의 속도차에 따른 차동장치의 역할 및 P단 조작 시 전자식 파킹 액추에이터를 장착하여 차량 파킹 기능을 수행한다.
① 일반적인 자동차의 변속기와 같은 역할을 하지만 여러 단계가 있는 변속기와는 달리 일정한 감속 비율로 구동 전동기에서 입력되는 동력을 구동축으로 전달한다. 따라서 변속기 대신 감속기어라고 부른다.
② 감속기어는 구동 전동기의 고속 회전, 낮은 회전력을 입력받아 적절한 감속 비율로 회전속도를 줄여 회전력을 증대시키는 역할을 한다.
③ 감속기어 내부에는 주차(parking)기구를 포함하여 5개의 기어가 있고 수동변속기용 오일을 주유하며, 오일은 교환하지 않는 방식이다.

정답 80.②

81 전기 자동차의 회생 제동시스템에 대한 설명으로 틀린 것은?

① 브레이크를 밟을 때 모터가 발전기 역할을 한다.
② 친환경 전기 자동차에 적용되는 연비향상 기술이다.
③ 감속 시 운동에너지를 전기에너지로 변환하여 회수한다.
④ 회생제동을 통해 제동력을 배가시켜 안전에 도움을 주는 장치이다.

정답 유추 이론

■ 회생제동 모드
　① 주행 중 감속 또는 브레이크에 의한 제동 발생시점에서 모터를 발전기 역할인 충전 모드로 제어하여 전기에너지를 회수하는 작동 모드이다.
　② 친환경 전기 자동차는 제동 에너지의 일부를 전기에너지로 회수하는 연비향상 기술이다.
　③ 친환경 전기 자동차는 감속 또는 제동 시 운동에너지를 전기에너지로 변환하여 회수한다.

정답 81.④

82 **전기 자동차에서 회생제동 시 에너지 흐름 순서로 올바른 것은?**

① 휠 → 모터 → MCU → 감속기 → 고전압 배터리
② 휠 → 모터 → 감속기 → MCU → 고전압 배터리
③ 휠 → 감속기 → MCU → 모터 → 고전압 배터리
④ 휠 → 감속기 → 모터 → MCU → 고전압 배터리

정답 유추 이론

전기 자동차의 회생 제동 시 에너지 흐름 순서는 휠 → 감속기 → 모터 → MCU(인버터) → 고전압 배터리 순이다.

정답 82.④

83 **전기 자동차의 냉방 사이클에서 냉매의 순환 과정이 올바른 것은?**

① 컴프레서 → 콘덴서 → 팽창밸브 → 이배퍼레이터
② 컴프레서 → 콘덴서 → 이배퍼레이터 → 팽창밸브
③ 컴프레서 → 팽창밸브 → 콘덴서 → 이배퍼레이터
④ 컴프레서 → 팽창밸브 → 이배퍼레이터 → 콘덴서

정답 유추 이론

전기 자동차의 냉방 사이클에서 냉매의 순환 과정은 컴프레서 → 콘덴서 → 팽창밸브 → 이배퍼레이터 → 컴프레서 순이다.

정답 83.①

84 전기 자동차의 히트펌프 시스템(난방 시스템)에서 냉매의 순환 과정이 올바른 것은?

① 컴프레서 → 실내 콘덴서 → 오리피스 → 실외 콘덴서
② 컴프레서 → 실외 콘덴서 → 오리피스 → 실내 콘덴서
③ 컴프레서 → 오리피스 → 실내 콘덴서 → 실외 콘덴서
④ 컴프레서 → 오리피스 → 실외 콘덴서 → 실내 콘덴서

정답 유추 이론

히트펌프 시스템에서 냉매의 순환 과정은 다음과 같다.
컴프레서 → 실내 콘덴서 → 오리피스 → 실외 콘덴서 → 컴프레서

정답 84.①

85 전기 자동차의 통합형 전동 브레이크(IEB)에서 제동을 위하여 압력을 발생시키는 장치는?

① PTS(Pedal Travel Stroke Sensor)
② PSU(Pressure Source Unit)
③ BCU(Brake Control Unit)
④ ESC(Electronic Stability Control)

정답 유추 이론

전기 자동차의 통합형 전동 브레이크(IEB) 장치는 엔진의 부압을 사용할 수 없어서 PSU(pressure source unit)를 사용하여 압력을 발생시켜 제동력을 향상시킨다.

정답 85.②

86 전기 자동차의 SBW(shift by wire) 장치에 대한 설명으로 틀린 것은?

① 변속레버가 없이 변속 버튼으로 운전자의 변속 단을 선택한다.

② D / R / N단간 제어는 MCU가 제어한다.

③ VCU의 신호를 받아 파킹 액추에이터를 구동하여 주행 및 정차한다.

④ 변속 버튼의 신호는 "P와 P 이외 (D/R/ N)" 의 2가지 위치만 SCU(shift control unit)으로 송신한다.

정답 유추 이론

■ **전기 자동차의 SBW(shift by wire) 장치 설명**

① 변속레버가 없이 변속 버튼으로 운전자의 변속 단을 선택한다.

② D/R/N단 간 제어는 VCU가 제어한다.

③ VCU의 신호를 받아 파킹 액추에이터를 구동하여 주행 및 정차한다.

④ 변속버튼의 신호는 "P와 P 이외 (D/R/N)" 의 2가지 위치만 SCU(shift control unit) 으로 송신한다.

정답 86.②

87 다음 중 전기 자동차에 사용되는 감속기에 대한 설명으로 틀린 것은?

① 변속기와 같은 역할을 한다.

② 감속기어는 모터의 회전수와 구동력을 감소시킨다.

③ 파킹 기어를 포함하여 5개의 기어로 구성되어 있다.

④ 차동기어는 선회 시 좌우 바퀴의 속도 차에 따른 회전수의 분배를 한다.

정답 유추 이론

■ **전기 자동차에 사용되는 감속기에 대한 설명**

① 변속기와 같은 역할을 한다.

② 감속기어는 모터의 회전수는 감소시키고 구동력은 증대시킨다.

③ 파킹 기어를 포함하여 5개의 기어로 구성되어 있다.

④ 차동기어는 선회 시 좌우 바퀴의 속도차에 따른 회전수 분배를 한다.

정답 87.②

88 전기 자동차가 가속할 때 동력 전달 순서를 바르게 설명한 것은?

① 고전압 배터리 → 구동 모터 → MCU → 감속기 → 바퀴
② 고전압 배터리 → MCU → 감속기 → 구동 모터 → 바퀴
③ 고전압 배터리 → MCU → 구동 모터 → 감속기 → 바퀴
④ 고전압 배터리 → 감속기 → MCU → 구동 모터 → 바퀴

정답 유추 이론

전기 자동차가 주행 중 가속 시 동력 전달 순서는 고전압 배터리 → MCU → 구동 모터 → 감속기 → 바퀴 순으로 전달된다.

정답 88.③

89 전기 자동차가 주행 중 감속 시 동력 전달 순서를 바르게 설명한 것은?

① 바퀴 → 구동 모터 → MCU → 감속기 → 고전압 배터리
② 바퀴 → MCU → 감속기 → 구동 모터 → 고전압 배터리
③ 바퀴 → MCU → 구동 모터 → 감속기 → 고전압 배터리
④ 바퀴 → 감속기 → 구동 모터 → MCU → 고전압 배터리

정답 유추 이론

전기 자동차가 주행중 감속 시 동력전달 순서는 바퀴 → 감속기 → 구동 모터 → MCU → 고전압 배터리 순으로 전달된다.

정답 89.④

90 전기 자동차에서 파워 윈도우 및 각종 전기장치의 구동 전기에너지를 공급하는 기능을 하는 것은?

① 보조 배터리   ② 고전압 배터리
③ 모터 제어기   ④ 엔진 제어기

정답 유추 이론

보조 배터리는 저전압(12V) 배터리로 자동차의 오디오, 등화 장치, 편의장치, 내비게이션 등 저전압을 이용하여 작동하는 부품에 전원을 공급하기 위해 설치되어 있다.

정답 90.①

---

91 전기 자동차에서 보조(12V) 배터리가 장착된 이유로 틀린 것은?

① 오디오 작동   ② 등화 장치 작동
③ 구동 모터 작동   ④ 내비게이션 작동

정답 유추 이론

오디오나 에어컨, 자동차 내비게이션, 그 밖의 등화장치 등에 필요한 전력을 공급하기 위하여 보조 배터리(12V 납산 배터리)가 별도로 탑재된다.

정답 91.③

---

92 전기 자동차의 구동 모터 작동을 위한 전기에너지를 공급 또는 저장하는 기능을 하는 것은?

① 보조 배터리   ② 모터 제어기
③ 고전압 배터리   ④ 차량 제어기

정답 유추 이론

고전압 배터리는 구동 모터에 전력을 공급하고, 회생제동 시 발생되는 전기 에너지를 저장하는 역할을 한다.

정답 92.③

93 후진 경보장치에서 물체에 부딪혀 되돌아오는 시간을 측정하여 물체와의 거리를 측정하는 센서는?

① 적외선 센서　　　　　　　　　② 광전도 셀
③ 와전류 센서　　　　　　　　　④ 초음파 센서

정답 유추 이론

자동차의 후진 경보장치 (Back Warning System, BWS)에 사용되는 초음파 센서는 40KHz의 초음파를 발산하고 이 음파가 물체에 부딪쳐 되돌아올 때까지의 시간을 측정하여 물체와의 거리를 측정하는 센서이다.

$$물체와의\ 거리(S) = \frac{1}{2}V \times T$$

V : 음파 속도(340m/s)

T : 물체까지의 왕복 시간(s)

정답 93.④

94 전기 자동차의 가상 엔진 사운드 시스템(VSS)의 설명으로 틀린 것은?

① 엔진 구동 소리와 유사한 소리를 발생한다.
② 자동차 속도 약 40km/h 이상부터 작동한다.
③ 차량 주변 보행자 주의 환기로 사고 위험성이 감소한다.
④ 전기차 모드에서 보행자가 차량을 인지할 수 있도록 작동한다.

정답 유추 이론

하이브리드 및 전기 자동차의 가상 엔진 사운드 시스템(Virtual Engine Sound System)이란 하이브리드 및 전기 자동차는 엔진 소음이 없으므로 저속 EV 모드로 운행 중 자동차의 접근을 보행자에게 경고하기 위한 시스템이다.
엔진 구동 소리와 유사한 소리를 외부 스피커를 통해 가상 사운드를 작동하여 보행자 에게 주의를 환기시켜 사전에 사고를 예방하는 시스템이다.

■ **차속에 따른 작동 조건**
　　P단 : 사운드 OFF
　　전진 : D, N단 0.4~28km/h
　　후진 : 차속과 관계없이 후진 선택 시 계속 출력

정답 94.②

95 가상 엔진 사운드 시스템에 관련한 설명으로 거리가 먼 것은?

① 전기 자동차에서 저속주행 시 보행자가 차량을 인지하기 위함

② 엔진 유사용 출력

③ 차량 주변 보행자 주의 환기로 사고 위험성 감소

④ 자동차 속도 약 35km/h 이상부터 작동

정답 유추 이론

가상엔진 사운드시스템(Virtual Engine Sound System)은 하이브리드 자동차나 전기 자동차에 부착하는 보행자를 위한 시스템이다. 즉 배터리로 저속주행 또는 후진할 때 보행자가 놀라지 않도록 자동차의 존재를 인식시켜주기 위해 엔진소리를 내는 스피커이며, 주행속도 0 ~ 28km/h에서 작동한다.

정답 95.④

96 전기 자동차에서 전기장치 정비 시 지켜야 할 주의사항으로 틀린 것은?

① 센서 릴레이 취급 시 심한 충격을 주지 않도록 한다.

② 커넥터를 확실하게 연결되었는가를 확인한다.

③ 커넥터를 분리할 때는 배선을 잡고 당긴다.

④ 커넥터 연결은 딱 소리가 날 때까지 밀어 넣는다.

정답 유추 이론

커넥터를 분리할 때는 커넥터 본체를 잡고 커넥터 키를 누르면서 잡아당겨 분리한다.

정답 96.③

97 전기 자동차의 전기장치 정비 작업 시 조치해야 할 사항이 아닌 것은?

① 안전 스위치를 분리하고 작업한다.
② 이그니션 스위치를 OFF 시키고 작업한다.
③ 12V 보조 배터리 케이블을 분리하고 작업한다.
④ 고전압 부품 취급은 안전 스위치를 분리 후 5분 안에 작업한다.

정답 유추 이론

■ **전기 자동차의 전기장치를 정비할 때 지켜야 할 사항**
① 이그니션 스위치를 OFF 시킨 후 안전 스위치를 분리하고 작업한다.
② 전원을 차단하고 일정 시간(5분 이상)이 경과 후 작업한다.
③ 12V 보조 배터리 케이블을 분리하고 작업한다.
④ 고전압 케이블의 커넥터 커버를 분리한 후 전압계를 이용하여 각 상 사이(U, V, W)의 전압이 0V 인지를 확인한다.
⑤ 절연장갑을 착용하고 작업한다.
⑥ 작업 전에 반드시 고전압을 차단하여 감전을 방지하도록 한다.
⑦ 전동기와 연결되는 고전압 케이블을 만져서는 안 된다.

정답 97.④

98 전기 자동차의 고전압 장치 점검 시 주의사항으로 틀린 것은?

① 고전압 배터리 조립 및 탈거 시 배터리 위에 어떠한 것도 놓지 말아야 한다.
② 키 스위치를 OFF 시키면 고전압에 대한 위험성이 없어진다.
③ 취급 기술자는 고전압 시스템에 대한 검사와 서비스 교육이 선행되어야 한다.
④ 고전압 배터리는 "고전압" 주의 경고가 있으므로 취급 시 주의를 기울여야 한다.

정답 유추 이론

전기 자동차의 고전압 장치 점검 시 안전 플러그를 탈착한 후에 시행하여야 한다. 안전 플러그는 고전압 전기계통을 기계적인 분리를 통하여 고전압 배터리 내부의 회로 연결을 차단한다. 키 스위치를 OFF 시 켜도 고전압에 대한 위험성이 남아 있다.

정답 98.②

99 전기 자동차 정비 시 전원을 차단하는 과정에서 안전 플러그를 제거한 후 고전압 부품을 취급하기 전에 5~10분 이상 대기 시간을 갖는 이유 중 가장 알맞은 것은?

① 고전압 배터리 내의 셀의 안정화를 위해서
② 제어 모듈 내부의 메모리 공간의 확보를 위해서
③ 저전압(12V) 배터리에 서지전압이 인가되지 않기 위해서
④ 인버터 내의 콘덴서에 충전되어있는 고전압을 방전시키기 위해서

정답 유추 이론

안전 플러그를 제거한 후 고전압 부품을 취급하기 전에 5~10분 이상 대기 시간을 갖는 이유는 인버터 내의 콘덴서(축전기)에 충전되어 있는 고전압을 방전시키기 위함이다.

정답 99.④

100 환경친화적 자동차의 요건 등에 관한 규정에서 초소형 전기 자동차(승용자동차 / 화물자동차)의 1회 충전 주행거리와 최고속도로 알맞은 것은?
(「자동차의 에너지 소비효율 및 등급표시에 관한 규정」에 따른 복합 1회 충전 주행거리와 최고속도 기준)

① 1회 충전 주행거리: 50km 이상   최고속도: 55km/h 이상
② 1회 충전 주행거리: 55km 이상   최고속도: 60km/h 이상
③ 1회 충전 주행거리: 80km 이상   최고속도: 80km/h 이상
④ 1회 충전 주행거리: 100km 이상   최고속도: 80km/h 이상

정답 유추 이론

■ 환경친화적 자동차의 요건 등에 관한 규정 제4조 (기술적 세부사항)
③ 전기 자동차는 자동차관리법 제3조 제1항 내지 제2항에 따른 자동차의 종류별로 다음 각 호의 요건을 갖춰야 한다.
  1. 초소형 전기 자동차(승용자동차 / 화물자동차)
    가. 1회충전 주행거리 : 「자동차의 에너지 소비효율 및 등급표시에 관한 규정」에 따른 복합 1회충전 주행거리는 55km 이상
    나. 최고속도 : 60km/h 이상

정답 100.②

03
CHAPTER

—
수소연료전지자동차 &
CNG, LPI 자동차

01 연료 전지의 장점에 해당하지 않는 것은?

① 출력밀도가 크다.
② 에너지 밀도가 매우 크다.
③ 상온에서 화학반응을 하므로 위험성이 적다.
④ 연료를 공급하여 연속적으로 전력을 얻을 수 있으므로 충전이 필요 없다.

정답 유추 이론

■ **연료 전지의 장점**
① 에너지 밀도가 매우 크다.
② 상온에서 화학반응을 하므로 위험성이 적다.
③ 연료를 공급하여 연속적으로 전력을 얻을 수 있으므로 충전이 필요 없다.

정답 01.①

02 다음에서 연료 전지의 장점으로 틀린 것은?

① 천연가스 메탄올, 석탄가스 등 다양한 연료 사용이 가능하다.
② 회전 부위가 없어 소음이 없으며, 기존 화력발전과 같은 다량의 냉각수가 필요하다.
③ 도심 부근 설치가 가능하여 송 · 배전 시의 설비 및 전력 손실이 적다.
④ 배기가스 중 NOx, SOx 및 분진이 거의 없으며, CO_2 발생량에 있어서도 미 분탄 화력발전에 비하여 20~40% 감소한다.

정답 유추 이론

■ **연료 전지의 장점**
① 천연가스 메탄올, 석탄가스 등 다양한 연료 사용이 가능하다.
② 회전 부위가 없어 소음이 없으며, 기존 화력발전과 같은 다량의 냉각수가 불필요하다.
③ 도심 부근 설치가 가능하여 송·배전 시의 설비 및 전력 손실이 적다.
④ 배기가스 중 NOx, SOx 및 분진이 거의 없으며, CO_2 발생량에 있어서도 미 분탄 화력발전에 비하여 20~40% 감소한다.
⑤ 발전효율이 40~60%이며, 열병합 발전 시 80% 이상 가능하다.
⑥ 부하 변동에 따라 신속히 반응하며, 설치 형태에 따라서 현지 설치용, 분산 배치형, 중앙 집중형 등의 다양한 용도로 사용할 수 있다.

정답 02.②

03 연료 전지의 단점에 해당하는 것은?

① 부하 변동에 따라 신속히 반응한다.
② 발전효율이 40~60%이며, 열병합 발전 시 80% 이상 가능하다.
③ 초기 설치 비용이 고가이다.
④ 현지 설치용, 분산 배치형, 중앙 집중형 등으로 설치할 수 있다.

정답 유추 이론

■ 연료 전지의 단점
　① 초기 설치 비용이 고가이다.
　② 수소공급, 저장 등 인프라 구축이 어렵다.

정답 03.③

04 KS 규격 연료 전지 기술에 의한 연료 전지의 종류로 틀린 것은?

① 인산형 연료 전지
② 알칼리 연료 전지
③ 액체 산화물 연료 전지
④ 고분자 전해질 연료 전지

정답 유추 이론

■ KS 규격 연료 전지의 종류
　① 공기 흡입형 연료 전지(ABFC; Air Breathing Fuel Cell)
　② 알칼리 연료 전지(AFC; Alkaline Fuel Cell)
　③ 직접 연료 전지(DFC; Direct Fuel Cell)
　④ 직접 메탄올 연료 전지(DMFC; Direct Methanol Fuel Cell)
　⑤ 용융 탄산염 연료 전지(MCFC; Molten Carbonate Fuel Cell)
　⑥ 인산형 연료 전지(PAFC; Phosphoric Acid Fuel Cell)
　⑦ 고분자 전해질 연료 전지(PEFC; Polymer Electrolyte Fuel Cell)
　⑧ 양성자 교환 막 연료 전지(PEMFC; Proton Exchange Membrane Fuel Cell)
　⑨ 고체 고분자 연료 전지(SPFC; Solid Polymer Fuel Cell)
　⑩ 재생형 연료 전지(RFC; Regenerative Fuel Cell, Reversible Fuel Cell)
　⑪ 고체 산화물 연료 전지(SOFC; Solid Oxide Fuel Cell)

정답 04.③

05 연료 전지의 종류 중 전해질에 따른 구분으로 틀린 것은?

① 액체 산화물형　　　　　　　　② 고분자 전해질형
③ 알칼리형　　　　　　　　　　　④ 인산형

정답 유추 이론

■ 연료 전지의 전해질에 따른 구분
　① 알칼리형　　　　　② 인산형
　③ 용융 탄산염형　　　④ 고체 산화물형
　⑤ 고분자 전해질형　　⑥ 직접 메탄올

정답 05.①

06 연료 전지 종류에서 상온에서 수소를 주 연료로 사용하는 연료 전지로 옳은 것은?

① 고체 산화물형　　　　　　　　② 고분자 전해질형
③ 용융탄산염　　　　　　　　　　④ 인산형

정답 유추 이론

■ 연료 전지별 주 사용 연료

종류	전해질	주 연료
고분자 전해질형	이온(H^+)전도성 고분자막	수소
고체 산화물형	고체산화물(Yttria–stabilized zirconia)	탄화수소
용융탄산염	용융탄산염(Li_2CO_3–K_2CO_3)	천연가스, 석탄가스
인산형	인산(H_3PO_4)	천연가스, 메탄올
알칼리형	수산화칼륨(KOH)	수소

■ 고분자 전해질형(PEMFC) 연료 전지 특성

수소와 산소를 사용하는 연료 전지의 음극 혹은 수소극(anode)에서는 H_2인 수소 기체가 2개의 수소이온과 2개의 전자로 분해된다. 전자는 도선을 타고 양극 혹은 공기극(cathode)으로 이동하고, 수소이온은 전해질(electrolyte)을 통과해 양극으로 이동하게 된다. 양극에서는 이동해 온 수소이온과 전자, 산소가 반응해 액상의 물이 생성된다. PEMFC의 작동온도 통상 100도 이하로 액상의 물이 생성되기 때문에 이를 배출하기 위해 기체 확산 매체에 소수성 제제의 첨가가 필수적이다. SOFC의 경우 음극(anode)에서 산소가 산소 이온과 전자로 분리되고 양극에서 산소 이온, 수소, 전자가 반응해 수증기가 생성된다. 이 과정에서 존재하는 전자의 이동을 전력으로서 사용한다는 것이 연료 전지의 기본 개념이다. 수소자동차에 사용되는 연료 전지가 본 PEMFC이다.

정답 06.②

07 연료 전지의 종류 중 고체 고분자 전해질형 연료 전지의 특징으로 다른 것은?

① 전해질로 고체 산화물(Yttria-stabilized zirconia)을 이용한다.
② 공기 중의 산소와 화학반응에 의해 백금의 전극에 전류가 발생한다.
③ 발전 시 열을 발생하지만 물 만 배출시키므로 에코 자동차라 한다.
④ 운전 온도가 상온에서 80℃까지로 저온에서 작동한다.

정답 유추 이론

■ **고체 고분자 전해질형 연료 전지의 특징**
　① 전해질로 고분자 전해질(polymer electrolyte)을 이용한다.
　② 공기 중의 산소와 화학반응에 의해 백금의 전극에 전류가 발생한다.
　③ 발전 시 열을 발생하지만 물 만 배출시키므로 에코 자동차라 한다.
　④ 출력의 밀도가 높아 소형 경량화가 가능하다.
　⑤ 운전 온도가 상온에서 80℃까지로 저온에서 작동한다.
　⑥ 기동·정지 시간이 매우 짧아 자동차 등 전원으로 적합하다.
　⑦ 전지 구성의 재료 면에서 제약이 적고 튼튼하여 진동에 강하다.

정답 07.①

---

08 고체 고분자 전해질형 연료 전지의 전기 발생 작동 원리 중 다른 것은?

① 양 바깥쪽에서 세퍼레이터(separator)가 감싸는 형태로 구성되어 있다.
② 셀의 전압이 낮아 자동차용의 스택은 수백 장의 셀을 겹쳐 고전압을 얻고 있다.
③ 세퍼레이터는 홈이 파여 있어 (−)쪽에는 수소, (+)쪽은 공기가 통한다.
④ 수소는 극판에 칠해진 백금의 촉매작용으로 수소이온이 되어 (−)극으로 이동한다.

정답 유추 이론

■ **고체 고분자 전해질형 연료 전지의 전기 발생 작동 원리**
　① 하나의 셀은 (−) 극판과 (+) 극판이 전해질 막을 감싸는 구조이다.
　② 양 바깥쪽에서 세퍼레이터(separator)가 감싸는 형태로 구성되어 있다.
　③ 셀의 전압이 낮아 자동차용의 스택은 수백 장의 셀을 겹쳐 고전압을 얻고 있다.
　④ 세퍼레이터는 홈이 파여 있어 (−)쪽에는 수소, (+)쪽은 공기가 통한다.
　⑤ 수소는 극판에 칠해진 백금의 촉매작용으로 수소이온이 되어 (+)극으로 이동한다.
　⑥ 산소와 만나 다른 경로로 (+)극으로 이동된 전자도 합류하여 물이 된다.

정답 08.④

09 수소연료전지 전기자동차에 적용하는 배터리 중 자기방전이 없고 에너지 밀도가 높으며, 전해질이 겔 타입이고 내진동성이 우수한 방식은?

① 리튬이온 폴리머 배터리(Li – Pb Battery)
② 니켈수소 배터리(Ni – H Battery)
③ 니켈카드뮴 배터리(Ni – d Battery)
④ 리튬이온 배터리(Li – on Battery)

정답 유추 이론

리튬 - 폴리머 배터리도 리튬이온 배터리의 일종이다. 리튬이온 배터리와 마찬가지로 양극 전극은 리튬 - 금속 산화물이고 음극은 대부분 흑연이다. 액체 상태의 전해액 대신에 고분자 전해질을 사용하는 점이 다르다. 전해질은 고분자를 기반으로 하며, 고체에서 겔(gel) 형태까지의 얇은 막 형태로 생산된다. 고분자 전해질 또는 고분자 겔(gell) 전해질을 사용하는 리튬-폴리머 배터리에서는 전해액의 누설 염려가 없으며 구성 재료의 부식도 적다. 그리고 휘발성 용매를 사용하지 않기 때문에 발화 위험성이 적다. 전해질은 이온 전도성이 높고, 전기 화학적으로 안정되어 있어야 하고, 전해질과 활성물질 사이에 양호한 계면을 형성해야 하고, 열적 안정성이 우수해야 하고, 환경부 하가 적어야 하며, 취급이 쉽고, 가격이 저렴해야 한다.

정답 09.①

10 수소연료전지 전기자동차(HFCEV)의 장점이 아닌 것은?

① 충전 시간이 짧다.
② 유해 배기가스가 없어 친환경적이다.
③ 화석연료에 비해 저렴하다.
④ 수소연료전지에 쓰이는 촉매의 가격이 저렴하다.

정답 유추 이론

■ **수소연료전지 전기자동차(HFCEV)의 장점**
　① 충전 시간이 짧다.
　② 유해 배기가스가 없어 친환경적이다.
　③ 화석연료에 비해 저렴하다.
　④ 수소연료전지에 쓰이는 촉매의 가격이 고가이다.
　　(촉매의 재료인 백금, 팔라듐, 세륨 등이 희토류이며 귀금속이라 비싸다.)

정답 10.④

11 **수소연료전지 전기자동차의 설명으로 거리가 먼 것은?**

① 연료전지는 공기와 수소 연료를 이용하여 전기를 생산한다.
② 연료 전지 자동차가 유일하게 배출하는 배기가스는 수분이다.
③ 연료 전지 시스템은 연료 전지 스택, 운전 장치, 모터, 감속기로 구성된다.
④ 연료 전지에서 생산된 전기는 컨버터를 통해 모터로 공급된다.

> **정답 유추 이론**
>
> 수소연료전지 전기자동차의 연료전지에서 생산된 전기는 인버터를 통해 모터로 공급된다. 인버터는 DC
> 전원을 AC 전원으로 변환하고 컨버터는 AC 전원을 DC 전원으로 변환하는 역할을 한다.

정답 11.④

12 **수소연료전지 전기자동차(HFCEV)에 대한 특징으로 다른 것은?**

① 연료 전지는 직접 발전하므로 효율이 높다.
② 수소 제조에 들어가는 비용이 많이 들어 연료 가격이 싸다.
③ 연료 전지의 연료는 탄소 등 다른 불순물이 없으므로 유해 배기가스가 없다.
④ 대기 중의 먼지나 화학물질이 정화된 후 배출되므로 공기정화 기능이 없다.

> **정답 유추 이론**
>
> ■ **수소연료전지 전기자동차(HFCEV)에 대한 특징**
>   ① 연료 전지는 직접 발전하므로 효율이 높다.
>   ② 연료 전지의 연료는 탄소 등 다른 불순물이 없으므로 유해 배기가스가 없다.
>   ③ 대기 중의 먼지나 화학물질이 정화된 후 배출되므로 공기정화 기능이 있다.
>   ④ 현재의 기술로 수소의 가격은 저렴한 편이다.

정답 12.④

13 수소연료전지 전기자동차 전동기에 요구되는 조건으로 틀린 것은?

① 구동 토크가 커야 한다.

② 속도제어가 쉬워야 한다.

③ 저출력 및 소형화해야 한다.

④ 취급 및 보수가 간편해야 한다.

정답 유추 이론

■ **수소연료전지 전기자동차 전동기에 요구되는 조건**

① 속도제어가 쉬워야 한다.

② 내구성이 커야 한다.

③ 구동 토크가 커야 한다.

④ 취급 및 보수가 간편해야 한다.

⑤ 고출력 및 소형화해야 한다.

정답 13.③

14 수소연료전지 전기자동차의 주행 특성으로 다른 것은?

① 자동차에 부하가 적을 경우, 스택에서 생산된 전기로 모터를 구동한다.

② 자동차에 부하가 없을 때, 스택으로 공급되는 연료를 차단하여 스택을 정지시킨다.

③ 자동차에 부하가 클 경우, 스택의 전기 생산량을 높여 모터에 공급되는 전압을 높인다.

④ 자동차에 부하가 없을 때, 회생 제동으로 생산된 전기를 스택에 저장하여 연비가 향상된다.

정답 유추 이론

수소연료전지 전기자동차 주행상황에 따른 주행 특성은 다음과 같다.

① 자동차에 부하가 적을 경우, 스택에서 생산된 전기로 모터를 구동한다.

② 자동차에 부하가 클 경우, 스택의 전기 생산을 높여 모터에 공급되는 전압을 높인다.

③ 자동차에 부하가 없을 때, 스택으로 공급되는 연료를 차단하여 스택을 정지시킨다.

④ 회생제동으로 생산된 전기는 스택으로 가지 않고 고전압 배터리를 충전하여 연비가 향상된다.

정답 14.④

15 수소연료전지 전기자동차에 사용되는 수소가스 제조 기술 중 생산 방식이 다른 것은?

① Alkaline electrolysis

② PEM(Polymer electrolyte membrane)

③ Solid oxide electrolysis

④ 천연가스 개질법

정답 유추 이론

■ 수소 가스 제조 기술 중 물을 전기 분해하여 수소를 얻는 방식
  ① Alkaline
  ② PEM(Polymer electrolyte membrane)
  ③ Solid oxide electrolysis
■ 수소 가스 제조 기술 중 화석연료를 열분해하여 수소를 얻는 방식
  ④ 천연가스 개질법

정답 15.④

16 물을 이용하여 전기분해를 통한 수소 가스 제조 기술이 아닌 것은?

① Alkaline

② PEM(Polymer electrolyte membrane)

③ Hydrogen decomposition

④ Solid oxide electrolysis

정답 유추 이론

■ 물을 이용하여 전기분해를 통한 수소가스 제조 기술
  ① Polymer electrolyte membrane은 친환경적으로 수소를 생산한다.
  ② Alkaline electrolysis는 수산화칼륨이나 수산화나트륨이 녹아 있는 알칼리 수용액에서 수소를 생산한다.
  ③ Solid oxide electrolysis는 개발단계로서 고온의 수증기를 수소와 산소 이온으로 분해하고, 이 때 음극에서 발생한 수소를 정제하는 방식이다.

정답 16.③

17 다음 설명해 준 내용에서 수소가스의 특성으로 아닌 것은?

① 수소는 매우 넓은 범위에서 산소와 결합할 수 있어 연소 혼합가스를 생성한다.

② 수소는 전기 스파크로 쉽게 점화할 수 있는 매우 낮은 점화 에너지를 가지고 있다.

③ 수소는 누출되었을 때 인화성 및 가연성, 반응성, 수소 침식, 질식, 저온의 위험이 있다.

④ 부력 속도와 확산 속도는 다른 가스보다 매우 빨라서 주변의 공기에 급속하게 확산하여 폭발할 위험성이 낮다.

정답 유추 이론

■ **수소가스의 특성**
① 수소는 가볍고 가연성이 높은 가스이다.
② 수소는 매우 넓은 범위에서 산소와 결합할 수 있어 연소 혼합가스를 생성한다.
③ 수소는 전기 스파크로 쉽게 점화할 수 있는 매우 낮은 점화 에너지를 가지고 있다.
④ 수소는 누출되었을 때 인화성 및 가연성, 반응성, 수소 침식, 질식, 저온의 위험이 있다.
⑤ 가연성에 미치는 다른 특성은 부력 속도와 확산 속도이다.
⑥ 부력 속도와 확산 속도는 다른 가스보다 매우 빨라서 주변의 공기에 급속하게 확산하여 폭발할 위험성이 높다.

정답 17.④

18 수소연료전지 전기자동차(HFCEV)는 수소와 산소를 반응시켜 동력을 발생시킨다. 이때 발생 되는 수증기 30㎖를 만들기 위해 필요한 산소 기체의 부피는?

① 15ml
② 30ml
③ 60ml
④ 75ml

정답 유추 이론

수소와 산소의 반응식 $2H_2 + O_2 = 2H_2O$에서 부피의 비는 분자 수의 비와 같다.
따라서, 산소 : 수증기 = 1 : 2이므로, 수증기 30ml를 만들기 위해 필요한 산소 기체의 부피는
1 : 2 = X : 30 따라서 산소 기체의 부피는 15㎖이다.

정답 18.①

19 수소연료전지자동차에 사용하는 수소가스저장 시스템의 내용으로 아닌 것은?

① 수소탱크는 875bar의 최대 충전 압력으로 설정되어 있다.
② 탱크에 부착된 솔레노이드 밸브는 체크 밸브 타입으로 연료 통로를 막고 있다.
③ 충전하는 동안에는 전력을 사용하지 않는다.
④ 수소는 압력 차에 의해 충전이 이루어지며, 3개의 탱크 압력은 순차적으로 상승한다.

정답 유추 이론

■ **수소가스 저장 시스템의 특성**
　① 수소탱크는 875bar의 최대 충전 압력으로 설정되어 있다.
　② 탱크에 부착된 솔레노이드 밸브는 체크 밸브 타입으로 연료 통로를 막고 있다.
　③ 수소의 고압가스는 체크 밸브 내부의 플런저를 밀어 통로를 개방하고 탱크에 충전된다.
　④ 충전하는 동안에는 전력을 사용하지 않는다.
　⑤ 수소는 압력 차에 의해 충전이 이루어지며, 3개의 탱크 압력은 동시에 상승한다.

정답 19.④

20 수소연료전지자동차의 에너지 소비효율 라벨에 표시되는 항목이 아닌 것은?
(단 자동차의 에너지 소비효율 및 등급 표시에 관한 규정에 의한다.)

① CO_2 배출량
② 1회 충전 주행거리
③ 도심 주행 에너지 소비효율
④ 고속 도로 주행 에너지 소비효율

정답 유추 이론

■ **수소전기차 에너지 소비효율 라벨 표시 항목**
　1회 충전 주행거리 : 하이브리드 및 전기자동차 에너지 소비효율 라벨에 표시되는 항목

　① 복합 에너지 소비효율
　② CO_2 배출량
　③ 도심 주행 에너지 소비효율
　④ 고속 도로 주행 에너지 소비효율

정답 20.②

21 연료전지의 효율(n)을 구하는 식으로 맞는 것은?

① $n = \dfrac{1mol\text{의 연료가 생성하는 전기에너지}}{\text{생성엔트로피}}$

② $n = \dfrac{10mol\text{의 연료가 생성하는 전기에너지}}{\text{생성엔탈피}}$

③ $n = \dfrac{1mol\text{의 연료가 생성하는 전기에너지}}{\text{생성 엔탈피}}$

④ $n = \dfrac{10mol\text{의 연료가 생성하는 전기에너지}}{\text{생성 엔트로피}}$

정답 유추 이론

연료전지의 효율은 현재 작동하고 있는 지점에서 수소 1mol의 연료가 생성하는 전기에너지를 연료가 가지고 있는 최대 엔탈피(고위발열량 High Heating Value)량을 나누어준다.

$$n = \frac{1mol\text{의 연료가 생성하는 전기에너지}}{\text{생성 엔탈피(고위 발열량)}} = \frac{\text{최대전지 발생량}}{\text{전기화학반응 엔탈피}}$$

$$\epsilon\eta = \frac{\text{연료전지의 실제 작동전압}}{\text{연료전지의 이론전압}}$$

수소와 산소가 반응하여 물이 생성되는 반응에는 두 가지의 발열량 개념이 있다.
① 저위발열량 LHV(Lower Heating Value) - 수소와 산소가 반응하여 기체 물이 되는 반응
② 고위발열량 HHV(Higher Heating Value) - 수소와 산소가 반응하여 액체 물이 되는 반응으로 기체에서 액체로 응축되면서 응축열이 발생하며 더 많은 열량이 방출됨

정답 21.③

22 다음 두 정비사의 의견 중 옳은 것은?

> – 정비사 A : 수소연료전지 자동차는 스택에서 물이 생성되므로 냉각수가 필요 없다.
>
> – 정비사 B : 스택 및 전장 냉각수는 특성이 다르므로 절대로 혼용하면 안 된다.

① 정비사 A만 옳다.
② 정비사 B만 옳다.
③ 두 정비사 모두 틀리다.
④ 두 정비사 모두 옳다.

정답 유추 이론

수소연료전지 자동차의 냉각 시스템은 스택 냉각수와 전장 냉각수가 있어야 한다.
스택 냉각수와 전장 냉각수는 계열은 동일하나 냉각수 특성이 다르므로 절대로 혼용하면 안 된다.

정답 22.②

23 수소연료전지 전기자동차의 수소 저장 시스템 구성품 중 고압 센서에 대한 설명이다. 고압 센서의 기능으로 다른 것은?

① 고압 센서는 프런트 수소탱크 솔레노이드 밸브에 장착된다.
② 고압 센서는 수소 잔량을 측정하여 남은 연료를 계산한다.
③ 고압 센서는 고압 조정기의 장애를 감시한다.
④ 고압 센서는 다이어프램 타입으로 출력 전압은 약 0.4~0.5V이다.

정답 유추 이론

■ **고압 센서의 기능**
① 고압 센서는 프런트 수소탱크 솔레노이드 밸브에 장착된다.
② 고압 센서는 탱크 압력을 측정하여 남은 연료를 계산한다.
③ 고압 센서는 고압 조정기의 장애를 감시한다.
④ 고압 센서는 다이어프램 타입으로 출력 전압은 약 0.4~0.5V이다.
⑤ 계기판의 연료 게이지는 수소 압력에 따라 변경된다.

정답 23.②

24 수소연료전지 전기자동차의 수소 저장 시스템 구성품의 중압 센서에 대한 설명이다. 중압 센서의 기능으로 다른 것은?

① 중압 센서는 공급 압력을 측정하여 연료량을 계산한다.
② 중압 센서는 고압 조정기(HPR : High Pressure Regulator)에 장착된다.
③ 고압 조정기는 탱크로부터 공급되는 수소 압력을 약 76bar로 감압한다.
④ 중압 센서는 고압 조정기의 장애를 감지하기 위해 수소 저장 시스템 제어기에 압력 값을 보낸다.

정답 유추 이론

■ **중압 센서의 기능**
① 중압 센서는 고압 조정기(HPR ; High Pressure Regulator)에 장착된다.
② 고압 조정기는 탱크로부터 공급되는 수소 압력을 약 16bar로 감압한다.
③ 중압 센서는 공급 압력을 측정하여 연료량을 계산한다.
④ 중압 센서는 고압 조정기의 장애를 감지하기 위해 수소 저장 시스템 제어기에 압력 값을 보낸다.

정답 24.③

25 수소연료전지 전기자동차의 스택 구성품 중 1셀(Cell)은 약 몇 V의 전기를 생산하는가?

① 0.5 ~ 1V
② 2.1 ~ 2.3V
③ 1.2 ~ 1.5V
④ 3.7 ~ 3.75V

정답 유추 이론

수소와 산소가 반응하여 생기는 전압은 1셀당 약 0.5~I V이다.

정답 25.①

26 수소연료전지는 수소와 산소의 화학반응에 의해 에너지로서 무엇을 발생하는가?

① 물의 발생
② 저항의 발생
③ 전압의 발생
④ 전류의 발생

정답 유추 이론

수소연료전지는 수소와 산소의 화학반응에 의해 에너지로서 전류를 발생한다.

정답 26.④

27 수소연료전지 전기자동차의 수소 저장 시스템 제어기(HMU : Hydrogen Module Unit)에 대한 설명이다. HMU의 기능으로 다른 것은?

① HMU는 남은 연료를 계산하기 위해 각각의 센서 신호를 사용한다.
② HMU는 수소가 충전되고 있는 동안 연료전지 작동 로직을 사용한다.
③ HMU는 수소 충전 시에 충전소와 실시간 통신을 한다.
④ HMU는 수소탱크 솔레노이드 밸브, IR 이미터 등을 제어한다.

정답 유추 이론

■ **수소 저장 시스템 제어기 (HMU : Hydrogen Module Unit)의 기능**
　① HMU는 남은 연료를 계산하기 위해 각각의 센서 신호를 사용한다.
　② HMU는 수소가 충전되고 있는 동안 연료전지 기동 방지 로직을 사용한다.
　③ HMU는 수소 충전 시에 충전소와 실시간 통신을 한다.
　④ HMU는 수소탱크 솔레노이드 밸브, IR 이미터 등을 제어한다.

정답 27.②

28 수소연료전지 전기자동차의 수소 저장 시스템구성품의 고압 조정기(수소 압력 조정기)에 대한 설명이다. 고압 조정기의 기능으로 다른 것은?

① 탱크 압력을 16bar로 감압시키는 역할을 한다.

② 감압된 수소는 스택으로 공급된다.

③ 고압 조정기는 압력 릴리프 밸브, 서비스 퍼지 밸브를 포함하여 중압 센서가 장착된다.

④ 서비스 퍼지 밸브의 니플에 수소 배출 튜브를 연결하여 공급라인의 수소를 배출할 수 있다.

정답 유추 이론

■ **고압 조정기의 기능**
① 탱크 압력을 16bar로 감압시키는 역할을 한다.
② 감압된 수소는 스택으로 공급된다.
③ 고압 조정기는 압력 릴리프 밸브, 서비스 퍼지 밸브를 포함하여 중압 센서가 장착된다.
④의 내용은 서비스 퍼지 밸브의 기능이다.

정답 28.④

29 다음 중 수소연료전지 전기자동차에 대한 설명으로 틀린 것은?

① 연료전지 셀을 적층 구조로 만든 것을 스택이라 한다.

② 하나의 셀은 약 3.75V의 전압을 발생할 수 있다.

③ 연료전지 셀의 음극에는 수소가, 양극에는 산소가 공급된다.

④ 연료전지 셀은 수소와 산소의 화학반응으로 전압을 발생한다.

정답 유추 이론

① 연료전지 셀을 적층 구조로 만든 것을 스택이라 한다.
② 연료전지 셀의 음극에는 수소가, 양극에는 산소가 공급된다.
③ 연료전지 셀은 수소와 산소의 화학반응으로 전압을 발생한다.
④ 하나의 셀은 약 0.5~1V의 전압을 발생할 수 있다.

정답 29.②

30 수소연료전지 전기자동차의 수소 저장 시스템구성품의 과류 차단 밸브에 대한 설명이다. 과류 차단 밸브의 기능으로 다른 것은?

① 고압 라인이 손상된 경우 대기 중에 수소가 과도하게 방출되는 것을 기계적으로 차단하는 과류 플로 방지 밸브이다.
② 밸브가 작동하면 연료공급이 차단되고 연료 전지 모듈의 작동은 정지된다.
③ 과류 차단 밸브는 탱크의 솔레노이드 밸브에 배치되어 있다.
④ 스택과 탱크 사이의 수소 공급라인의 수소를 배출시키는 밸브이다.

정답 유추 이론

■ **과류 차단 밸브의 기능**
 ① 고압 라인이 손상된 경우 대기 중에 수소가 과도하게 방출되는 것을 기계적으로 차단하는 과류 플로 방지 밸브이다.
 ② 밸브가 작동하면 연료공급이 차단되고 연료 전지 모듈의 작동은 정지된다.
 ③ 과류 차단 밸브는 탱크의 솔레노이드 밸브에 배치되어 있다.
 ※ ④의 내용은 서비스 퍼지 밸브의 기능이다.

정답 30.④

31 고분자 전해질형 연료 전지의 특징으로 다른 것은?

① 고분자 막을 전해질로 사용한다.
② 다른 형태의 연료 전지에 비해 전류 밀도가 큰 고출력 연료 전지이다.
③ 100℃ 이상의 고온에서 작동되어 시동성이 우수하다.
④ 수소 이외에도 메탄올이나 천연가스를 연료로 사용할 수 있어 동력원으로 적합하다.

정답 유추 이론

■ **고분자 전해질 형 연료 전지의 특징**
 ① 다른 형태의 연료 전지에 비해 전류의 밀도가 큰 고출력 연료 전지이다.
 ② 100℃ 미만의 저온에서 작동된다.
 ③ 구조가 간단하다.
 ④ 시동성이 우수하다.
 ⑤ 고분자 막을 전해질로 사용한다.
 ⑥ 수소 이외에도 메탄올이나 천연가스를 연료로 사용할 수 있어 동력원으로 적합하다.

정답 31.③

32 수소연료전지 전기자동차에서 스택의 주요 구성요소가 아닌 것은?

① 분리판(bipolar plate)

② 기체 확산층(Gas diffusion layer)

③ 고전압 배터리(High voltage Battery)

④ 막전극 접합체(Membrane electrode assembly)

정답 유추 이론

■ **연료 전지 스택의 주요 구성요소**
① 막전극 접합체(MEA : membrane electrode assembly)
② 기체 확산층(Gas diffusion layer)
③ 분리판(bipolar plate)
④ 개스킷(Gasket) 체결기구
⑤ 인클로저

정답 32.③

33 수소연료전지 전기자동차에서 연료 전지 스택의 막전극집합체(Membrane Electrode Assembly, MEA)의 주요 기능이 아닌 것은?

① 수소 이온의 전달

② 전해액의 원활한 이동

③ 기체 상태의 산소, 수소를 차단

④ 전자를 차단하는 절연체 역할

정답 유추 이론

연료 전지 스택의 막전극 집합체는 수소 이온만을 선택적으로 통과시키고, 기체 상태의 산소, 수소를 차단하며 전자의 직접 전달을 방지하기 위한 절연체 역할을 한다.

정답 33.②

34 수소연료전지 전기자동차에서 연료 전지 운전 장치의 시스템으로 틀린 것은?

① 공기공급 시스템

② 전기공급 시스템

③ 수소공급 시스템

④ 열관리 시스템

정답 유추 이론

■ 연료전지 운전 장치(BOP, Balance Of Plant) 구성 시스템

    ① 공기공급 시스템

    ② 수소공급 시스템

    ③ 열관리 시스템

정답 34.②

35 수소연료전지 공기 공급 시스템 구성품이 아닌 것은?

① 퍼지 밸브

② 공기 차단기

③ 가습기

④ 에어클리너

정답 유추 이론

■ 수소연료전지 공기 공급 시스템 구성품

    ① 에어클리너

    ② 공기 유량 센서

    ③ 공기 차단기

    ④ 공기 압축기

    ⑤ 가습기

    ⑥ 스택 출구 온도 센서

    ⑦ 운전 압력 조절 장치

    ⑧ 소음기 및 배기덕트

    ⑨ 블로어 펌프 제어 유닛

정답 35.①

36 수소연료전지 전기자동차에서 공기공급 시스템의 작동순서로 올바른 것은?

① 에어필터 → 공기 쿨러 → 가습기 → 공기 차단기 → 공기 압축기 → 스택
② 에어필터 → 공기 압축기 → 공기 쿨러 → 가습기 → 공기 차단기 → 스택
③ 에어필터 → 가습기 → 공기 차단기 → 공기 압축기 → 공기 쿨러 → 스택
④ 에어필터 → 공기 차단기 → 공기 압축기 → 공기 쿨러 → 가습기 → 스택

정답 유추 이론

수소 연료전지 전기자동차에서 공기공급 시스템의 공기공급 순서로는 에어필터 → 공기 압축기 → 공기 쿨러 → 가습기 → 공기 차단기 → 스택 순서로 공급된다.

정답 36.②

37 수소연료전지 공기공급 시스템 구성품의 공기 차단 밸브에 대한 설명이다. 공기 차단 밸브의 기능으로 다른 것은?

① 공기차단기는 연료전지에 공기를 공급 및 차단하는 역할을 한다.
② 공기 차단 밸브는 키 ON 상태에서 열리고 OFF 시 차단되는 개폐식 밸브이다.
③ 공기 차단 밸브는 키를 OFF 시킨 후 공기가 연료 전지 스택 안으로 유입되는 것을 방지한다.
④ 공기 차단 밸브는 모터의 작동을 위한 드라이버를 내장하고 있으며, 연료전지 차량 제어 유닛(FCU)과의 LIN 통신으로 제어된다.

정답 유추 이론

■ 공기 차단 밸브의 기능
① 공기 차단기는 연료 전지 스택 어셈블리 우측에 배치되어 있다.
② 공기 차단기는 연료 전지에 공기를 공급 및 차단하는 역할을 한다.
③ 공기 차단 밸브는 키 ON 상태에서 열리고 OFF 시 차단되는 개폐식 밸브이다.
④ 공기 차단 밸브는 키를 OFF 시킨 후 공기가 연료 전지 스택 안으로 유입되는 것을 방지한다.
⑤ 공기 차단 밸브는 모터의 작동을 위한 드라이버를 내장하고 있으며, 연료 전지 차량 제어 유닛(FCU)과의 CAN 통신으로 제어된다.

정답 37.④

38 수소연료전지 공기공급 시스템 구성품의 공기 압축기에 대한 설명이다. 공기 압축기의 기능으로 다른 것은?

① 연료 전지 스택의 반응에 필요한 공기를 적정한 유량·압력으로 공급한다.

② 모터에서 발생하는 열의 냉각 시스템은 공냉식으로 외부에서 공기가 공급된다.

③ 공기 압축기는 임펠러·볼류트 등의 압축부와 이를 구동하기 위한 고속 모터부로 구성되어 연료 전지 스택의 반응에 필요한 공기를 공급한다.

④ 모터의 회전수에 따라 공기의 유량을 제어하게 되며, 모터 축에 연결된 임펠러의 고속회전으로 공기가 압축된다.

정답 유추 이론

■ **공기 압축기의 기능**

① 연료 전지 스택의 반응에 필요한 공기를 적정한 유량·압력으로 공급한다.

② 공기압축기는 임펠러·볼류트 등의 압축부와 이를 구동하기 위한 고속 모터부로 구성되어 연료 전지 스택의 반응에 필요한 공기를 공급한다.

③ 모터의 회전수에 따라 공기의 유량을 제어하게 되며, 모터 축에 연결된 임펠러의 고속회전으로 공기가 압축된다.

④ 모터에서 발생하는 열을 냉각하기 위한 수냉식으로 외부에서 냉각수가 공급된다.

정답 38.②

---

39 수소연료전지 전기자동차에서 수소 공급 시스템의 작동순서로 올바른 것은?

① 수소탱크 → 수소차단밸브 → 압력제어밸브 → 이젝터 → 고압 레귤레이터 → 스택

② 수소탱크 → 압력제어밸브 → 이젝터 → 고압 레귤레이터 → 수소차단밸브 → 스택

③ 수소탱크 → 고압 레귤레이터 → 수소차단밸브 → 압력제어밸브 → 이젝터 → 스택

④ 수소탱크 → 이젝터 → 고압 레귤레이터 → 수소차단밸브 → 압력제어밸브 → 스택

정답 유추 이론

수소 연료전지 전기자동차에서 수소공급 시스템의 수소공급 순서는 수소탱크 → 고압 레귤레이터 → 수소차단밸브 → 압력제어밸브 → 이젝터 → 스택 순으로 공급된다.

정답 39.③

40 수소연료전지 전기자동차에서 연료탱크의 고압을 낮은 압력으로 낮추어 스택 쪽으로 공급하는 장치는?

① 연료 압력 조정기   ② 릴리프 조정기
③ 드레인 레귤레이터   ④ 고압 레귤레이터

정답 유추 이론

수소 저장 탱크에 저장된 약 700bar의 압력은 고압 레귤레이터를 지나 약 17bar로 감압되어 스택으로 공급된다.

정답 40.④

---

41 수소연료전지 자동차의 연료탱크 내 약 700bar의 고압은 약 17bar 1차 감압 된 후 일반적인 운전 조건에서 압력을 1~2bar로 감압하여 스택에 공급한다. 이 장치의 이름은?

① 수소 차단 밸브   ② 저압 레귤레이터
③ 연료 차단 밸브   ④ 연료 공급 밸브

정답 유추 이론

700bar의 고압 수소는 고압 래귤레이터를 통해 공급된 약 17bar의 수소는 수소 차단 밸브를 거쳐 연료 공급 밸브에서 1~2bar로 감압하여 스택에 공급된다.

정답 41.④

---

42 수소연료전지 전기자동차에서 열관리 시스템(Thermal Management System)의 구성품이 아닌 것은?

① 스택 냉각 펌프   ② PTC 히터
③ 스택 라디에이터   ④ COD 히터

정답 유추 이론

■ 수소연료전지 전기자동차의 열관리 시스템(TMS, Thermal Management System)의 구성품
　　① 스택 냉각 펌프   ② 스택 라디에이터
　　③ COD 히터   ④ 온도 조절밸브(CTV)
　　⑤ 냉각수 바이패스 밸브(CBV)

정답 42.②

43 다음 중 연료전지 운전 장치의 열관리 시스템에서 COD(Cathode Oxygen Depletion) 히터의 역할이 아닌 것은?

① 잔류 전류 소진 기능 　　　② 회생 에너지 소진 기능
③ 겨울철 실내 난방 기능 　　　④ 급속 고전압 소진 기능

정답 유추 이론

■ 연료전지 운전 장치의 COD 히터의 역할
　① 잔류 전류 소진 기능 COD(Cathode Oxygen Depletion, 잔류 전류 소진)
　② 냉·시동 기능
　③ 회생제동 에너지 소진 기능
　④ 급속 고전압 소진 기능

정답 43.③

44 수소연료전지 공기공급 시스템 구성품의 가습기에 대한 설명이다. 가습기의 기능으로 다른 것은?

① 연료 전지 스택에 공급되는 공기가 내부의 가습막을 통해 스택의 배기에 포함된 열 및 수분을 스택에 공급되는 공기에 공급한다.
② 연료 전지 스택의 안정적인 운전을 위해 일정 수준 이상의 가습이 필수적이다.
③ 연료 전지 스택의 반응에 필요한 공기를 적정한 유량·압력으로 공급한다.
④ 스택의 배출 공기의 열 및 수분을 스택의 공급 공기에 전달하여 스택에 공급되는 공기의 온도 및 수분을 스택의 요구 조건에 적합하도록 조절한다.

정답 유추 이론

■ 가습기의 기능
　① 연료 전지 스택에 공급되는 공기가 내부의 가습막을 통해 스택의 배기에 포함된 열 및 수분을 스택에 공급되는 공기에 공급한다.
　② 연료 전지 스택의 안정적인 운전을 위해 일정 수준 이상의 가습이 필수적이다.
　③ 스택의 배출 공기의 열 및 수분을 스택의 공급 공기에 전달하여 스택에 공급되는 공기의 온도 및 수분을 스택의 요구 조건에 적합하도록 조절한다.

정답 44.③

45 수소연료전지 수소 저장탱크에 대한 설명이다. 틀린 것은?

① Type 1은 완전 스틸(강철)로 이루어진 연료 탱크이다.

② Type 2는 탱크통 일부를 유리섬유로 감은 형태이다.

③ Type 3은 탱크통을 완전 탄소섬유로 감은 형태이다.

④ Type 4는 강철 라이너를 완전 탄소섬유로 감은 형태이다.

정답 유추 이론

■ **수소 저장탱크 타입별 구분**

① 연료탱크를 타입별로 총 Type 1~4로 구분된다.

② Type 1은 완전 스틸(강철)로 이루어진 연료탱크

③ Type 2는 탱크통 일부를 유리섬유로 감은 것

④ Type 3은 탱크통을 완전 탄소섬유로 감은 형태이다.

⑤ Type 4는 비 강철 라이너, 즉, 고밀도 플라스틱 라이너를 완전 탄소섬유로 감아서 완성한다.

정답 45.④

---

46 다음 중 수소연료전지 전기자동차의 전력 변환 시스템에 대한 설명으로 틀린 것은?

① 차량 시동을 걸면 고전압은 LDC로도 입력되어 12V 배터리를 충전한다.

② 차량 시동을 걸면 스택에서 발생한 고전압 전원으로 모터를 구동한다.

③ 모터를 구동할 때는 BHDC를 이용 고전압 배터리의 전압을 상승시켜 모터를 구동한다.

④ 회생제동 시 발생 되는 전기에너지를 고전압 배터리에 충전할 때는 BHDC를 이용 감압하여 충전한다.

정답 유추 이론

① 차량 시동을 걸면 고전압 배터리에서 나오는 전압을 BHDC를 이용하여 승압 과정을 거처 모터를 구동한다.

② 차량 시동을 걸면 고전압은 LDC로도 입력되어 12V 배터리를 충전한다.

③ 모터를 구동할 때는 BHDC를 이용 고전압 배터리의 전압을 상승시켜 모터를 구동한다.

④ 회생제동 시 발생 되는 전기에너지를 고전압 배터리에 충전할 때는 BHDC를 이용 감압하여 충전한다.

정답 46.②

47 수소연료전지 전기자동차의 모터 컨트롤 유닛(MCU)에 대한 설명으로 틀린 것은?

① 회생 제동 시 컨버터(AC → DC 변환)의 기능을 수행한다.
② 고전압 배터리의 직류를 3상 교류로 바꾸어 모터에 공급한다.
③ 고전압을 저전압으로 변환하는 기능을 한다.
④ 회생 제동 시 모터에서 발생되는 3상 교류를 직류로 바꾸어 고전압 배터리에 공급한다.

정답 유추 이론

■ **모터 컨트롤유닛(MCU)의 기능**
　고전압 배터리의 직류를 3상 교류로 바꾸어 모터에 공급하며, 회생 제동을 할 때 모터에서 발생되는 3상 교류를 직류로 바꾸어 고전압 배터리에 공급하는 컨버터 (AC → DC 변환)의 기능을 수행한다.

정답 47.③

48 수소연료전지 전기자동차에서 자동차의 전구 및 각종 전기장치의 구동 전기에너지를 공급하는 기능을 하는 것은?

① 보조 배터리
② 변속기 제어기
③ 모터 제어기
④ AC 발전기

정답 유추 이론

보조 배터리는 저전압(12V) 배터리로 자동차의 오디오, 등화장치, 내비게이션 등 저전압을 이용하여 작동하는 부품에 전원을 공급하기 위해 설치되어 있다.

정답 48.①

49 수소연료전지 전기자동차의 주행 특성으로 다른 것은?

① 등판 주행 : 스택에서 생산한 전기를 주로 사용하며, 전력이 부족할 경우 고전압 배터리의 전기를 추가로 공급한다.

② 평지 주행 : 스택에서 생산된 전기로 주행하며, 생산된 전기가 모터를 구동하고 남을 경우 고전압 배터리를 충전한다.

③ 강판 주행 : 구동 모터를 통해 발생된 회생제동을 통해 고전압 배터리를 충전하여 연비를 향상 시킨다.

④ 회생 제동 : 긴 내리막으로 인해 고전압 배터리가 완충된다면 PTC(Positivie Temperature Coefficient) 히터를 통해 회생 제동량을 방전시킨다.

정답 유추 이론

수소연료전지 전기자동차 주행상황에 따른 주행 특성은 다음과 같다,
　① 등판 주행 : 스택에서 생산한 전기를 주로 사용하며, 전력이 부족할 경우 고전압 배터리의 전기를 추가로 공급한다.
　② 평지 주행 : 스택에서 생산된 전기로 주행하며, 생산된 전기가 모터를 구동하고 남을 경우 고전압 배터리를 충전한다.
　③ 강판 주행 : 구동 모터를 통해 회생 제동으로 생산된 전기로 고전압 배터리를 충전하여 연비를 향상시킨다.
회생 제동으로 생산된 전기는 스택으로 가지 않고 고전압 배터리 충전에 사용된다. 또한 긴 내리막으로 인해 고전압 배터리가 완충된다면 COD(Cathode Oxygen Depletion) 히터를 통해 회생 제동량을 방전시킨다.

정답 49.④

50 AGM(Absorbent Glass Mat) 배터리에 대한 설명으로 거리가 먼 것은?

① 극판의 크기가 축소되어 출력밀도가 높아졌다.

② 유리섬유 격리판을 사용하여 충전 사이클 저항성이 향상되었다.

③ 높은 시동전류를 요구하는 엔진의 시동성을 보장한다.

④ 셀-플러그는 밀폐되어 있으므로 열 수 없다.

정답 유추 이론

AGM 배터리는 유리섬유 격리 판을 사용하여 충전 사이클 저항성이 향상했으며, 높은 시동전류를 요구하는 엔진의 시동성능을 보장한다. 또 셀-플러그는 밀폐되어 있으므로 열 수 없다.

정답 50.①

51 수소연료전지 전기자동차의 고전압 배터리에 대한 설명으로 틀린 것은?

① 연료 전지 차량은 440V의 고전압 배터리를 탑재한다.

② 고전압 배터리는 전기 모터에 전력을 공급하고, 회생 제동 시 발생 되는 전기에너지를 저장한다.

③ 고전압 배터리 시스템은 배터리 팩 어셈블리, 배터리 관리 시스템(BMS), 파워 릴레이 어셈블리, 쿨링 팬 및 쿨링 덕트로 구성된다.

④ 고전압 배터리는 리튬이온 폴리머 배터리(LiPB)를 사용한다.

정답 유추 이론

■ **수소연료전지 전기자동차의 고전압 배터리 특성**

① 연료 전지 차량은 240V의 고전압 배터리를 탑재한다.

② 고전압 배터리는 전기 모터에 전력을 공급하고, 회생제동 시 발생되는 전기에너지를 저장한다.

③ 고전압 배터리 시스템은 배터리 팩 어셈블리, 배터리 관리 시스템(BMS), 전자 제어 장치(ECU), 파워 릴레이 어셈블리, 케이스, 제어 배선, 쿨링 팬 및 쿨링 덕트로 구성된다.

④ 배터리는 리튬이온 폴리머 배터리(LiPB)이며, 64셀(15셀 × 4모듈)을 가지고 있다. 각 셀의 전압은 DC 3.75V로 배터리 팩의 정격 전압은 DC 240V이다.

정답 51.①

52 수소연료전지 전기자동차에서 직류(DC) 전압을 다른 직류(DC) 전압으로 바꾸어주는 장치는 무엇인가?

① 커패시터

② DC–DC 컨버터

③ DC–DC 인버터

④ 직류 변환기

정답 유추 이론

■ **용어의 정의**

① 커패시터 : 배터리와 같이 화학반응을 이용하여 축전하는 것이 아니라 콘덴서(condenser)와 같이 전자를 그대로 축적해 두고 필요할 때 방전하는 것으로 짧은 시간에 큰 전류를 축적하거나 방출할 수 있다.

② DC–DC 컨버터 : 직류(DC) 전압을 다른 직류(DC) 전압으로 바꾸어주는 장치이다.

정답 52.②

53 수소연료전지 전기자동차의 동력제어 장치에서 모터의 회전속도와 회전력을 자유롭게 제어할 수 있도록 직류를 교류로 변환하는 장치는?

① 컨버터   ② 리졸버

③ 인버터   ④ 커패시터

정답 유추 이론

■ 용어의 정의
 ① 컨버터 : AC 전원을 DC 전원으로 변환하는 역할을 한다.
 ② 리졸버 : 모터에 부착된 로터와 리졸버의 정확한 상(phase)의 위치를 검출하여 MCU로 입력시킨다.
 ③ 인버터 : 모터의 회전속도와 회전력을 자유롭게 제어할 수 있도록 직류를 교류로 변환하는 장치이다.
 ④ 커패시터 : 배터리와 같이 화학반응을 이용하여 축전(蓄電)하는 것이 아니라 콘덴서(condenser)와 같이 전자를 그대로 축적해 두고 필요할 때 방전하는 것으로 짧은 시간에 큰 전류를 축적하거나 방출할 수 있다.

정답 53.③

---

54 수소연료전지 전기자동차에서 고전압 직류 변환 장치(BHDC: Bi-directional High Voltage)에 대한 설명으로 다른 것은?

① 스택에서 생성된 전력과 회생제동에 의해 발생된 고전압을 증폭시켜 고전압 배터리를 충전한다.

② 전기 자동차(EV) 또는 수소 전기 자동차(FCEV) 모드로 구동될 때 고전압 배터리의 전압을 증폭시켜 모터 제어 장치(MCU)에 전송한다.

③ 고전압 배터리의 전압은 스택 전압보다 약 200V가 낮다.

④ 양방향 고전압 직류 변환 장치(BHDC)는 섀시 CAN 및 F-CAN에 연결된다.

정답 유추 이론

■ 고전압 직류 변환 장치(BHDC: Bi-directional High Voltage)
 ① 고전압 직류 변환 장치(BHDC)는 수소 전기 자동차의 하부에 배치되어 있다.
 ② 스택에서 생성된 전력과 회생제동에 의해 발생된 고전압을 강하시켜 고전압 배터리를 충전한다.
 ③ 전기자 동차(EV) 또는 수소 전기 자동차(FCEV) 모드로 구동될 때 고전압 배터리의 전압을 증폭시켜 모터 제어 장치(MCU)에 전송한다.
 ④ 고전압 배터리의 전압은 스택 전압보다 약 200V가 낮다.
 ⑤ 양방향 고전압 직류 변환 장치(BHDC)는 섀시 CAN 및 F-CAN에 연결된다.

정답 54.①

55 수소 연료 전지 전기자동차에서 감속 시 구동 모터를 발전기로 전환하여 차량의 운동에너지를 전기에너지로 변환시켜 배터리로 회수하는 시스템은?

① 회생 제동 시스템　　　　　　　② 파워 릴레이 시스템
③ 아이들링 스톱 시스템　　　　　④ 고전압 배터리 시스템

정답 유추 이론

① 회생 재생 시스템은 감속할 때 구동 모터는 바퀴에 의해 구동되어 발전기의 역할을 한다. 즉 감속할 때 발생하는 운동 에너지를 전기 에너지로 전환시켜 고전압 배터리를 충전한다.
② 파워 릴레이 시스템 : 파워 릴레이 어셈블리는 (+)극과 (−)극 메인 릴레이, 프리차지 릴레이, 프리차지 레지스터와 배터리 전류 센서로 구성되어 배터리 관리 시스템 ECU의 제어 신호에 의해 고전압 배터리와 인버터 사이의 고전압 전원 회로를 제어한다.
③ 아이들링 스톱 시스템 : 연비와 배출가스 저감을 위해 자동차가 정지하여 일정한 조건을 만족할 때에는 엔진의 작동을 정지시킨다.
④ 고전압 배터리 시스템 : 배터리 팩 어셈블리, 배터리 관리 시스템(BMS), 전자 제어 장치(ECU), 파워 릴레이 어셈블리, 케이스, 제어 배선, 쿨링 팬 및 쿨링 덕트로 구성되어 고전압 배터리는 전기 모터에 전력을 공급하고, 회생 제동 시 발생되는 전기에너지를 저장한다.

정답 55.①

56 가상 엔진 사운드 시스템에 관련한 설명으로 거리가 먼 것은?

① 전기차 모드에서 저속주행 시 보행자가 차량을 인지하기 위함
② 엔진 유사 음향 출력
③ 차량 주변 보행자 주의 환기로 사고 위험성 감소
④ 자동차 속도 약 30km/h 이상부터 작동

정답 유추 이론

가상 엔진 사운드 시스템(Virtual Engine Sound System)은 하이브리드 자동차나 전기 자동차에 부착하는 보행자를 위한 시스템이다. 즉 배터리로 저속주행 또는 후진할 때 보행자가 놀라지 않도록 자동차의 존재를 인식시켜 주기 위해 엔진 소리를 내는 스피커이며, 주행 속도 0~20km/h에서 작동한다.

정답 56.④

57 수소연료전지 전기자동차에서 인버터(Inverter)에 대한 설명으로 다른 것은?

① 직류(DC) 성분을 교류(AC) 성분으로 바꾸기 위한 전기 변환 장치이다.

② 변환 방법이나 스위칭 소자, 제어회로를 통해 원하는 전압과 전류의 출력값을 얻는다.

③ 고전압 배터리 혹은 연료 전지 스택의 직류(DC) 전압을 모터를 구동할 수 있는 교류(AC) 전압으로 변환하여 모터에 공급한다.

④ 인버터는 MCU의 지령을 받아 토크를 제어하고 가속이나 감속할 때 모터가 역할을 할 수 있도록 전력을 적정하게 조절해 주는 역할을 한다.

> ### 정답 유추 이론
>
> ■ **전기자동차에서 인버터(Inverter)**
> ① 직류(DC) 성분을 교류(AC) 성분으로 바꾸기 위한 전기 변환 장치이다.
> ② 변환 방법이나 스위칭 소자, 제어회로를 통해 원하는 전압과 주파수 출력값을 얻는다.
> ③ 고전압 배터리 혹은 연료 전지 스택의 직류(DC)전압을 모터를 구동할 수 있는 교류(AC) 전압으로 변환하여 모터에 공급한다.
> ④ 인버터는 MCU의 지령을 받아 토크를 제어하고 가속이나 감속할 때 모터가 역할을 할 수 있도록 전력을 적정하게 조절해 주는 역할을 한다.

정답 57.②

58 수소 연료 전지 전기자동차에는 직류를 교류로 변환하여 교류 모터를 사용하고 있다. 교류 모터에 대한 장점으로 틀린 것은?

① 효율이 높다.

② 소형화 및 고속 회전이 가능하다.

③ 로터의 관성이 커서 응답성이 양호하다.

④ 브러시가 없어 보수할 필요가 없다.

> ### 정답 유추 이론
>
> ■ **교류 모터의 장점**
> ① 모터의 구조가 비교적 간단하며, 효율이 높다.
> ② 큰 동력화가 쉽고, 회전변동이 적다.
> ③ 소형화 및 고속 회전이 가능하다.
> ④ 브러시가 없어 보수할 필요가 없다.
> ⑤ 회전 중의 진동과 소음이 적다.
> ⑥ 수명이 길다.

정답 58.③

59 수소연료전지자동차에 장착된 후방 충돌 유닛(RIU : Rear Impact Unit)에 관련한 설명으로 거리가 먼 것은?

① 후방 충돌 센서는 차량의 후방에 장착되어 있다.
② 차량의 후방에서 충돌이 발생하면 충돌 센서는 연료 전지 제어 유닛(FCU)에 신호를 보낸다.
③ 연료 전지 제어 유닛(FCU)은 즉시 수소탱크 밸브를 닫기 위해 수소 저장 시스템 제어기(HMU)에 수소탱크 밸브 닫기 명령을 전송한다.
④ 연료 전지 시스템과 차량을 안전모드로 운행한다.

정답 유추 이론

■ **후방 충돌 유닛(RIU : Rear Impact Unit) 기능**
① 후방 충돌 센서는 차량의 후방에 장착되어 있다.
② 차량의 후방에서 충돌이 발생하면 충돌 센서는 연료 전지 제어 유닛(FCU)에 신호를 보낸다.
③ 연료 전지 제어 유닛(FCU)은 즉시 수소탱크 밸브를 닫기 위해 수소 저장 시스템 제어기(HMU)에 수소탱크 밸브 닫기 명령을 전송한다.
④ 연료 전지 시스템과 차량을 정지시킨다.

정답 59.④

60 친환경 자동차에서 고전압 관련 정비 시 고전압을 해제하는 장치는?

① 파워 릴레이
② 배터리 팩 스위치
③ 안전 스위치
④ 프리차지 릴레이

정답 유추 이론

안전 플러그는 기계적인 분리를 통하여 고전압 배터리 내부 회로의 연결을 차단하는 장치이다. 연결부품으로는 고전압 배터리 팩, 파워 릴레이 어셈블리, 급속 충전 릴레이, BMU, 모터, EPCU, 완속 충전기, 고전압 조인트 박스, 파워 케이블, 전기 모터식 에어컨 컴프레서 등이 있다.

정답 60.③

61 수소연료전지 자동차에 장착된 콜드 셧다운 스위치(CSD : Cold Shut Down Switch)에 관련한 설명으로 맞는 것은?

① 저온에서 연료 전지 시스템이 OFF 시, 스택의 수분을 제거하기 위해 공기 압축기가 정지한다.

② 저온에서 연료 전지 시스템이 OFF 시, 스택의 수분을 제거하기 위해 공기 압축기가 강하게 작동된다.

③ 고온에서 연료 전지 시스템이 OFF 시, 스택의 수분을 제거하기 위해 공기 압축기가 정지한다.

④ 고온에서 연료 전지 시스템이 OFF 시, 스택의 수분을 제거하기 위해 공기 압축기가 강하게 작동된다.

정답 유추 이론

① 연료 전지 스택에 남아 있는 수분으로 인해 스택 내부가 빙결될 경우 스택의 성능에 문제를 유발 시킬 수 있다.

② 연료 전지 차량은 이를 예방하기 위해 저온에서 연료 전지 시스템이 OFF 되는 경우, 연료 전지 스택의 수분을 제거하기 위해 공기압축기가 강하게 작동된다.

③ 이 경우 수분이 제거되는 동안 다량의 수분이 배기 파이프를 통해 배출되며, 공기압축기의 작동 소음이 크게 들릴 수 있다.

정답 61.②

62 수소 연료 전지 전기자동차의 전기장치를 정비 작업 시 조치해야 할 사항이 아닌 것은?

① 안전 스위치를 분리하고 작업한다.

② 이그니션 스위치를 OFF 시키고 작업한다.

③ 12V 보조 배터리 케이블을 분리하고 작업한다.

④ 고전압 부품 취급은 안전 스위치를 분리 후 1분 안에 작업한다.

정답 유추 이론

■ **수소 연료 전지 전기자동차의 전기장치를 정비할 때 지켜야 할 사항**

① 이그니션 스위치를 OFF 시킨 후 안전 스위치를 분리하고 작업한다.

② 전원을 차단하고 일정 시간(5분 이상)이 경과 후 작업한다.

③ 12V 보조 배터리 케이블을 분리하고 작업한다.

④ 고전압 케이블의 커넥터 커버를 분리한 후 전압계를 이용하여 각 상 사이(U, V, W)의 전압이 0V 인지를 확인한다.

⑤ 절연장갑을 착용하고 작업한다.

⑥ 작업 전에 반드시 고전압을 차단하여 감전을 방지하도록 한다.

⑦ 전동기와 연결되는 고전압 케이블을 만져서는 안 된다.

정답 62.④

63 수소 연료 전지 전기자동차에서 고전압 배터리 또는 차량 화재 발생 시 조치해야 할 사항이 아닌 것은?

① 차량의 시동키를 OFF하여 전기 동력 시스템 작동을 차단한다.

② 화재 초기 상태라면 트렁크를 열고 신속히 세이프티 플러그를 제거한다.

③ 메인 릴레이(+)를 작동시켜 고전압 배터리 (+)전원을 인가한다.

④ 화재 진압을 위해서는 액체물질을 사용하지 말고 분말소화기 또는 모래를 사용한다.

> ### 정답 유추 이론
>
> ■ **고전압 배터리 시스템 화재 발생 시 주의사항**
>
> ① 시동 버튼을 OFF 시킨 후 의도치 않은 시동을 방지하기 위해 스마트 키를 차량으로부터 2m 이상 떨어진 위치에 보관하도록 한다.
>
> ② 화재 초기일 경우 트렁크를 열고 신속히 안전 플러그를 OFF 시킨다.
>
> ③ 실내에서 화재가 발생하였을 때 수소가스의 방출을 위하여 환기를 시행한다.
>
> ④ 불을 끌 수 있다면 이산화탄소 소화기를 사용한다.
>
> ⑤ 이산화탄소는 전기에 대해 절연성이 우수하여서 전기(C급) 화재에도 적합하다.
>
> ⑥ 불을 끌 수 없다면 안전한 곳으로 대피한다. 그리고 소방서에 전기자동차 화재를 알리고 불이 꺼지기 전까지 차량에 접근하지 않도록 한다.
>
> ⑦ 차량 침수·충돌 사고 발생 후 정지 시 최대한 빨리 차량 키를 OFF 및 외부로 대피한다.

정답 63.③

01 압축 천연가스(CNG)의 특징으로 거리가 먼 것은?

① 연소 시 분진 및 유황이 거의 없다.
② 전 세계적으로 매장량이 풍부하다.
③ 옥탄가가 매우 낮아 압축비를 높일 수 없다.
④ 기체 연료이므로 엔진 체적효율이 낮다.

정답 유추 이론

■ **압축 천연가스(CNG)의 특징**
① 전 세계적으로 매장량이 풍부하다.
② 옥탄가가 높아 연소효율이 향상된다.
③ 분진 및 유황이 거의 없다.
④ 기체 연료이므로 엔진 체적효율이 낮다.
⑤ 일산화탄소 및 질소산화물의 발생이 적다.

정답 01.③

02 CNG 엔진의 분류에서 자동차에 연료를 저장하는 방법에 따른 분류가 아닌 것은?

① 압축 천연가스(CNG) 자동차   ② 프로판 가스(LPG) 자동차
③ 흡착 천연가스(ANG) 자동차   ④ 액화 천연가스(LNG) 자동차

정답 유추 이론

■ **연료를 저장하는 방법에 따른 분류**
① 압축 천연가스(CNG) 자동차 : 천연가스를 약 200~250기압의 높은 압력으로 압축하여 고압용기에 저장하여 사용하며, 현재 대부분의 천연가스 자동차가 사용하는 방법이다.
② 액화 천연가스(LNG) 자동차 : 천연가스를 −162℃이하의 액체 상태로 초저온 단열용기에 저장하여 사용하는 방법이다.
③ 흡착 천연가스(ANG) 자동차 : 천연가스를 활성탄 등의 흡착제를 이용하여 압축천연 가스에 비해 1/5~1/3 정도의 중압(50~70기압)으로 용기에 저장하는 방법이다.

정답 02.②

03 압축 천연가스(CNG)의 특징으로 다른 것은?

① 분진 및 유황이 거의 없다.

② 질소산화물의 발생이 적다.

③ 옥탄가가 낮아 연소효율이 향상된다.

④ 기체 연료이므로 엔진 체적효율이 낮다.

정답 유추 이론

■ 압축 천연가스(CNG)의 특정
  ① 전 세계적으로 매장량이 풍부하다.
  ② 옥탄가가 높아 연소효율이 향상된다.
  ③ 분진 및 유황이 거의 없다.
  ④ 기체 연료이므로 엔진 체적효율이 낮다.
  ⑤ 일산화탄소 및 질소산화물의 발생이 적다.

정답 03.③

04 압축 천연가스(CNG)를 연료로 사용하는 엔진의 장점에 속하지 않는 것은?

① 매연이 감소된다.

② 엔진 작동 소음을 낮출 수 있다.

③ 이산화탄소와 일산화탄소 배출량이 감소한다.

④ 낮은 온도에서의 시동성능이 좋지 못하다.

정답 유추 이론

■ CNG 엔진의 장점
  ① 디젤 엔진과 비교하였을 때 매연이 100% 감소된다.
  ② 가솔린 엔진과 비교하였을 때 이산화탄소 20~30%, 일산화탄소가 30~50% 감소한다.
  ③ 낮은 온도에서의 시동성능이 좋다.
  ④ 옥탄가가 130으로 가솔린의 100보다 높다.
  ⑤ 질소산화물 등 오존영향 물질을 70% 이상 감소시킬 수 있다.
  ⑥ 엔진의 작동 소음을 낮출 수 있다.
  ⑦ 오존을 생성하는 탄화수소의 점유율이 낮다.

정답 04.④

05 **내연기관 자동차 연료로 압축 천연가스(CNG)의 장점 중 틀린 것은?**

① 옥탄가가 높다.
② CO 배출량이 적다.
③ 질소산화물의 발생이 적다.
④ 탄화수소의 발생률이 높다.

정답 유추 이론

■ **압축 천연가스(CNG)의 특정**
① 전 세계적으로 매장량이 풍부하다.
② 옥탄가가 높아 연소효율이 향상된다.
③ 분진 및 유황이 거의 없다.
④ 기체연료이므로 엔진 체적효율이 낮다.
⑤ 일산화탄소 및 질소산화물의 발생이 적다.

정답 05.④

06 **다음 중 천연가스에 대한 설명으로 틀린 것은?**

① 천연가스의 주성분은 프로판과 부탄이다.
② 상온에서 기체 상태로 가압 저장한 것을 CNG라고 한다.
③ 천연적으로 채취한 상태에서 바로 사용할 수 있는 가스 연료를 말한다.
④ 연료를 저장하는 방법에 따라 압축 천연가스 자동차, 액화 천연가스 자동차, 흡착 천연가스 자동차 등으로 분류된다.

정답 유추 이론

천연가스는 메탄이 주성분인 가스 상태이며, 상온에서 고압으로 가압하여도 기체 상태로 존재하므로 자동차에서는 약 200기압으로 압축하여 고압용기에 저장하거나 액화 저장하여 사용한다.

정답 06.①

07 압축 천연가스를 연료로 사용하는 내연기관의 특성으로 다른 것은?

① 질소산화물, 일산화탄소 배출량이 적다.

② 1회 충전에 의한 주행거리가 짧다.

③ 혼합기 발열량이 휘발유나 경유에 비해 좋다.

④ 오존을 생성하는 탄화수소에서의 점유율이 낮다.

정답 유추 이론

■ **압축 천연가스를 연료로 사용하는 기관의 특성**

① 질소산화물, 일산화탄소 배출량이 적다.

② 1회 충전에 의한 주행거리가 짧다.

③ 혼합기 발열량이 휘발유나 경유에 비해 낮다.

④ 오존을 생성하는 탄화수소에서의 점유율이 낮다.

정답 07.③

08 자동차 연료로 사용하는 천연가스에 관한 설명으로 맞는 것은?

① 부탄이 주성분인 가스 상태의 연료이다.

② 약 200기압으로 압축시켜 액화한 상태로만 사용한다.

③ 약 200기압으로 가압하여도 기체 상태로 존재하는 가스이다.

④ 경유를 착화 보조 연료로 사용하는 천연가스 자동차를 전소 기관 자동차라 한다.

정답 유추 이론

천연가스는 상온에서 고압으로 가압하여도 기체 상태로 존재하므로 자동차에서는 약 200기압으로 압축하여 고압용기에 저장하거나 액화 저장하여 사용하며, 메탄이 주성분인 가스 상태이다.

정답 08.③

09 CNG 자동차에서 가스 실린더 내 약 200bar의 연료 압력을 약 8~10bar로 감압시켜 주는 밸브는?

① 마그네틱 밸브
② 저압 잠금 밸브
③ 연료량 조절밸브
④ 레귤레이터 밸브

정답 유추 이론

CNG 자동차에서 연료 압력조절기(레귤레이터)는 가스탱크 내의 약 25~200bar의 고압가스를 엔진 연소에 필요한 저압 약 8 ~ 10bar로 감압시키는 역할을 한다.

정답 09.④

10 압축 천연가스를 연료로 사용하는 엔진의 특성으로 다른 것은?

① 질소산화물, 일산화탄소 배출량이 적다.
② 옥탄가가 100으로 가솔린의 130보다 낮다.
③ 1회 충전에 의한 주행거리가 짧다.
④ 오존을 생성하는 탄화수소에서의 점유율이 낮다.

정답 유추 이론

■ **CNG 엔진의 특징**
① 디젤 엔진과 비교하였을 때 매연이 100% 감소된다.
② 가솔린 엔진과 비교하였을 때 이산화탄소 20~30%, 일산화탄소가 30~50% 감소한다.
③ 낮은 온도에서의 시동성능이 좋다.
④ 옥탄가가 130으로 가솔린의 100보다 높다.
⑤ 질소산화물 등 오존영향 물질을 70%이상 감소시킬 수 있다.
⑥ 엔진의 작동소음을 낮출 수 있다.
⑦ 오존을 생성하는 탄화수소에서의 점유율이 낮다.

정답 10.②

11 CNG(Compressed Natural Gas) 자동차에서 연료량 조절밸브 어셈블리 구성품이 아닌 것은?

① 연료 온도 조절기
② 저압 가스 차단밸브
③ 가스 압력센서
④ 가스 온도센서

정답 유추 이론

■ **CNG(Compressed Natural Gas) 자동차의 연료량 조절밸브 어셈블리 구성품**
① 가스 압력센서
② 가스 온도센서
③ 저압 가스 차단밸브

정답 11.①

12 압축 천연가스(CNG) 자동차에 대한 설명으로 틀린 것은?

① 연료라인 점검 시 항상 압력을 낮춰야 한다.
② 연료누출 시 공기보다 가벼워 가스는 위로 올라간다.
③ 연료 압력 조절기는 탱크의 압력보다 약 5bar가 더 높게 조절한다.
④ 시스템 점검 전 반드시 연료 실린더 밸브를 닫는다.

정답 유추 이론

연료 압력 조절기는 고압 차단밸브와 열 교환기구 사이에 설치되며, CNG 탱크 내 200bar의 높은 압력의 천연가스를 엔진에 필요한 8bar로 감압 조절한다. 압력조절기 내에는 높은 압력의 가스가 낮은 압력으로 팽창되면서 가스 온도가 내려가므로 이를 난기시키기 위해 엔진의 냉각수가 순환하게 되어 있다.

정답 12.③

13 전자제어 압축 천연가스(CNG) 자동차의 엔진에서 사용하지 않는 것은?

① 연료 온도센서   ② 연료 압력 조절기
③ 습도 센서   ④ 연료 펌프

정답 유추 이론

CNG 엔진에서 사용하는 것으로는 연료 미터링 밸브, 가스 압력 센서, 가스 온도 센서, 고압 차단 밸브, 탱크 압력 센서, 탱크 온도 센서, 습도 센서, 수온 센서, 열 교환 기구, 연료 온도 조절 기구, 연료 압력 조절기, 스로틀 보디 및 스로틀 위치 센서(TPS), 웨이스트 게이트 제어 밸브(과급압력 제어 기구), 흡기 온도 센서(MAT)와 흡기 압력(MAP) 센서, 스로틀 압력 센서, 대기 압력 센서, 공기 조절 기구, 가속 페달 센서 및 공전 스위치 등이다.

정답 13.④

14 CNG 연료로 사용하는 내연기관에서 사용하는 센서가 아닌 것은?

① 가스 압력센서   ② 가스 온도센서
③ 베이퍼라이저 센서   ④ CNG 탱크 압력센서

정답 유추 이론

베이퍼라이저는 기계식 LPG 엔진에서 LPG를 감압하여 믹서에 공급하는 역할을 하며, 베이퍼라이저 센서는 없다.

정답 14.③

15 CNG 엔진에서 스로틀 압력센서(PTP : Pre-Throttle Pressure Sensor)의 기능으로 옳은 것은?

① 대기 압력을 검출하는 센서   ② 스로틀의 위치를 감지하는 센서
③ 흡기다기관의 압력을 검출하는 센서   ④ 배기다기관의 압력을 측정하는 센서

정답 유추 이론

CNG 엔진의 스로틀 압력센서(PTP)는 압력 변환기이며, 인터쿨러와 스로틀 보디 사이의 배기관에 연결되어 있다. 터보차저 직전의 배기다기관 내의 압력을 측정하고 측정한 압력은 기타 다른 데이터들과 함께 엔진으로 흡입되는 공기 흐름을 산출할 수 있으며, 또한 웨이스트 게이트를 제어한다.

정답 15.④

16 CNG(Compressed Natural Gas) 엔진에서 가스의 역류를 방지하기 위한 장치는?

① 체크 밸브   ② 에어 조절기

③ 저압 연료 차단 밸브   ④ 고압 연료 차단 밸브

정답 유추 이론

① 체크 밸브 : CNG 충전 밸브 후단에 설치되어 고압가스 충전 시 가스의 역류를 방지한다.

② 에어 조절기 : 공기조절 기구(Air Regulator)는 공기탱크와 웨이스트 게이트 제어 솔레노이드 밸브 사이에 설치되며, 공기압력을 9bar에서 2bar로 감압시킨다.

③ 저압 연료 차단 밸브 : CNG 엔진의 저압 차단밸브는 연료량 조절밸브 입구 쪽에 설치되어 있는 솔레노이드 밸브로서 비상시 또는 점화 스위치 OFF시 가스를 차단한다.

④ 고압 연료 차단 밸브는 CNG 탱크와 압력조절기 사이에 설치되어 있으며, 엔진의 가동을 정지시켰을 때 고압 연료 라인을 차단한다.

정답 16.①

---

17 CNG(Compressed Natural Gas) 차량에서 연료량 조절밸브 어셈블리의 구성품이 아닌 것은?

① 가스 압력센서   ② 가스 온도센서

③ 연료 압력 조절기   ④ 저압 가스 차단밸브

정답 유추 이론

연료량 조절밸브 어셈블리는 가스 압력센서, 가스 온도센서, 저압 가스 차단밸브, 연료 분사량 조절밸브로 구성되어 있다.

① 가스 압력센서 : 연료량 조절밸브에 설치되어 있으며, 분사 직전의 조정된 가스 압력을 검출하는 압력 변환기이다. 이 센서의 신호와 다른 기타 정보를 함께 사용하여 인젝터(연료 분사장치)에서의 연료 밀도를 산출한다.

② 가스 온도센서 : 부특성 서미스터로 미터링 밸브 내에 설치되어 있으며, 분사 직전의 조정된 천연가스 온도를 검출하여 ECU(ECM)에 입력한다. 이 온도 센서의 신호와 천연가스 압력센서의 압력신호를 함께 사용하여 인젝터의 연료 농도(미터링 밸브 작동시점 결정)를 계산한다.

③ 저압 가스 차단밸브 : CNG 엔진의 저압 차단밸브는 연료량 조절밸브 입구쪽에 설치되어 있는 솔레노이드 밸브로서 비상시 또는 점화 스위치 OFF시 가스를 차단한다.

④ 연료 분사량 조절밸브 : 8개의 작은 인젝터로 구성되어 있으며, 컴퓨터로부터 구동 신호를 받아 엔진에서 요구하는 연료량을 정확하게 스로틀 보디 앞에 분사한다.

정답 17.③

01 가솔린 엔진과 비교한 LPG 엔진의 특징으로 가장 거리가 먼 것은?

① 유해 배출물 발생이 적다.
② 카본 발생이 적다.
③ 엔진 오일의 점도 저하가 크다.
④ 엔진 오일의 오염이 적다.

정답 유추 이론

■ LPG 엔진의 특징
① 유해 배기가스가 비교적 적게 배출되어 대기오염이 적고 위생적이다.
② 엔진 오일의 오염이 적고 연소실에 카본 퇴적이 적다.
③ 옥탄가가 높아 노킹이 잘 일어나지 않는다.
④ 가솔린에 비해 쉽게 기화하여 연소가 균일하다.
⑤ 퍼콜레이션(percolation)현상 및 증기폐쇄(vapor lock)가 일어나지 않는다.
⑥ LPG의 연소속도는 가솔린 보다 느리다.
⑦ 연료 펌프가 필요 없다.
⑧ 가솔린엔진보다 점화시기를 진각 시켜야 한다.
⑨ 엔진 오일의 내열성이 좋아야 한다.
⑩ 체적효율이 낮아 축 출력이 가솔린엔진에 비해 낮다.
⑪ 동절기에는 시동성이 떨어지므로 부탄 70%, 프로판 30%의 비율을 사용한다.

정답 01.③

02 LPG 엔진의 특징에 대한 설명으로 틀린 것은?

① 연료 봄베는 밀폐식으로 되어 있다.

② 배기가스의 CO 함유량은 가솔린엔진에 비해 적다.

③ LPG는 영하의 온도에서 기화하지 않는다.

④ 체적효율이 낮아 축 출력이 가솔린엔진에 비해 낮다.

정답 유추 이론

■ **LPG 엔진의 특징**

　① 연료 봄베는 밀폐식으로 되어 있다.

　② 배기가스의 CO 함유량은 가솔린엔진에 비해 적다.

　③ 프로판 −42.1℃, 부탄 −0.5℃에서 기화한다.

　④ 체적효율이 낮아 축 출력이 가솔린엔진에 비해 낮다.

정답 02.③

03 자동차 엔진 연료 중 LPG의 특성 설명으로 틀린 것은?

① 저온에서 증기압이 낮아서 시동성이 좋지 않다.

② 유독성 납화합물이나 유황분 등의 함유량이 적어, 휘발유에 비해 청정연료이다.

③ 액체 상태에서 단위 중량당 발열량은 휘발유보다 낮지만, 공기와 혼합상태에서의 발열량은 휘발유보다 높다.

④ LPG는 가스 상태로 실린더에 공급되므로 흡입효율 저하에 의한 출력 저하 현상이 나타난다.

정답 유추 이론

LPG는 유독성 납화합물이나 유황분 등의 함유량이 적어, 휘발유에 비해 청정연료이다. 그러나 저온에서 증기압이 낮아서 시동성이 좋지 않고, LPG는 가스 상태로 실린더에 공급되므로 흡입효율 저하에 의한 출력 저하 현상이 나타난다.

정답 03.③

04 자동차 엔진에 사용되는 LPG의 조건으로 다른 것은?

① 적정의 증기압을 유지하고 있을 것
② 올리핀계 탄화수소를 포함하지 않을 것
③ 불순물을 포함하지 않을 것
④ 액화 시 체적의 변화가 없을 것

정답 유추 이론

■ **LPG의 조건**
  ① 적정의 증기압을 유지하고 있을 것.
  ② 올리핀계 탄화수소를 포함하지 않을 것.
  ③ 불순물을 포함하지 않을 것.
  ④ 액화 시 체적이 감소한다.

정답 04.④

05 자동차 엔진에 사용되는 LPG의 특징으로 다른 것은?

① 증발 잠열이 크다.
③ 공기보다 가볍다.
② 기화 및 액화가 쉽다.
④ 액화 시 체적이 감소한다.

정답 유추 이론

LPG는 공기보다 무겁고, 증발 잠열이 크며, 액화할 때 체적이 감소하고, 기화 및 액화가 쉽다.

정답 05.③

06 LPG 자동차 봄베의 액상 연료 최대 충전량은 내용적의 몇 %를 넘지 않아야 하는가?

① 80%
③ 88%
② 85%
④ 90%

정답 유추 이론

LPG 자동차 봄베의 액상 연료 최대 충전량은 내용적의 85%를 넘지 않아야 한다.

정답 06.②

07 LPG(Liquefied Petroleum Gas)차량의 특성 중 장점이 아닌 것은?

① 엔진 연소실에 카본의 퇴적이 거의 없어 스파크 플러그의 수명이 연장된다.

② 가솔린에 비해 쉽게 기화되므로 연소가 균일하여 엔진 소음이 적다.

③ 베이퍼 록(vapor lock)과 퍼콜레이션(percolation) 등이 발생하지 않는다.

④ 엔진오일이 가솔린과는 달리 연료에 의해 희석되므로 실린더의 마모가 적고 오일 교환 기간이 연장된다.

정답 유추 이론

■ **LPG 엔진의 특징**

① 기화하기 쉬워 연소가 균일하다.

② 옥탄가가 높아 노킹발생이 적다.

③ 연소실에 카본퇴적이 적다.

④ 베이퍼 록이나 퍼콜레이션이 일어나지 않는다.

⑤ 공기와 혼합이 잘 되고 완전연소가 가능하다.

⑥ 배기색이 깨끗하고 유해 배기가스가 비교적 적다.

⑦ 엔진오일이 가솔린과는 달리 연료에 의해 희석되지 않으므로 실린더의 마모가 적고 오일 교환 기간이 연장된다.

정답 07.④

08 자동차 연료 중 LPG에 대한 설명으로 틀린 것은?

① 공기보다 무겁다.

② 엔진오일의 수명이 길다.

③ 저장을 기체 상태로 한다.

④ 온도가 상승하면 압력이 상승한다.

정답 유추 이론

LPG는 봄베에 액체 상태로 저장하며, 누출되면 공기보다 무겁고 온도가 상승하면 압력이 상승하며, 엔진오일의 수명이 길다.

정답 08.③

09 **자동차 연료용 LPG의 특성 설명으로 틀린 것은?**

① 기체 상태로 공기와 혼합상태가 균일하다.
② 이론공기 혼합비에 가까운 값에서 완전연소 한다.
③ 연소속도가 가솔린보다 빠르다.
④ 옥탄가가 가솔린보다 높다.

정답 유추 이론

LPG는 완전히 기체로서 공기와 혼합하므로 혼합상태가 균일하고 이론 공기 혼합비에 가까운 값에서 완전 연소한다. 또한, 연소속도가 가솔린 보다 느리고 옥탄가가 높으므로 노킹을 일으키지 않으며 엔진음이 정숙하다.

정답 09.③

10 **자동차 연료용 LPG의 특성 설명으로 틀린 것은?**

① 연소속도가 빨라 노킹을 잘 일으킨다.
② 엔진오일의 수명이 길다.
③ 연소 시 엔진 소음이 적고 정숙하다.
④ 온도가 상승하면 압력이 상승한다.

정답 유추 이론

① 연소속도가 가솔린보다 늦어 노킹을 일으키지 않는다.
② 엔진오일의 수명이 길다.
③ 연소 시 엔진 소음이 적고 정숙하다.
④ 온도가 상승하면 압력이 상승한다.

정답 10.①

11 자동차 연료용 LPG의 특성 설명으로 틀린 것은?

① 경제성이 좋다.

② 엔진 오일을 묽게 만들어 소음이 정숙하다.

③ 엔진 오일의 수명이 길다.

④ 배기가스로 인한 금속부식이 거의 없다.

정답 유추 이론

① 경제성이 좋다.

연료비, 엔진오일 경비, 엔진수명이 가솔린 연료에 비하여 매우 경제적이며 경비는 가솔린의 약 1/2 이하이다.

② 엔진오일의 수명이 길다.

LPG는 비점이 낮기 때문에 실린더 내에서 완전히 기화되어 오일을 묽게 만들지 않으며 카본의 조성도 적다. 또한 첨가제를 넣지 않으므로 카본이나 회분에 의하여 오일을 더럽히는 일이 없다.

③ 유황분이 매우 적어 (가솔린의 1/10 이하) 배기가스로 인한 금속부식이 거의 없다.

정답 11.②

12 가솔린엔진과 비교한 LPG 엔진에 대한 설명으로 옳은 것은?

① 저속에서 노킹이 자주 발생한다.

② 액화가스는 압축행정말 부근에서 완전 기체 상태가 된다.

③ 타르의 생성이 없다.

④ 프로판과 부탄을 사용한다.

정답 유추 이론

여름용 LPG는 100% 부탄을 사용하고, 겨울용 LPG는 부탄 70%, 프로판 30%의 혼합물을 사용하여 겨울에도 기화가 원활하게 되도록 한다.

정답 12.④

13 **LPG 자동차 취급 시 주의사항으로 틀린 것은?**

① 차를 장기간 사용하지 않을 때는 연료송출 밸브를 잠가 놓는다.
② 타르의 배출은 엔진 시동 전에 행한다.
③ 정비 작업 시는 주위에 화기가 없고 통풍이 좋은 곳에서 행한다.
④ 배기가스 정화 장치의 촉매 온도가 충분히 떨어진 후에 행한다.

정답 유추 이론

■ **LPG 자동차 취급 시 주의사항**
① 차를 장기간 사용하지 않을 때는 연료송출 밸브를 잠가 놓는다.
② 타르의 배출은 엔진 난기 후 행한다.
③ 정비 작업 시는 주위에 화기가 없고 통풍이 좋은 곳에서 행한다.
④ 배기가스 정화 장치의 촉매 온도가 충분히 떨어진 후에 행한다.

정답 13.②

14 **LPG 자동차 취급 시 주의사항으로 옳은 것은?**

① 차를 장기간 사용하지 않을 때는 연료송출 밸브를 열어 놓는다.
② 타르의 배출은 엔진 시동 전에 행한다.
③ 정비 작업 시는 주위에 화기가 없고 통풍이 좋은 곳에서 행한다.
④ 배기가스 정화 장치 정비는 촉매 온도가 충분히 가열된 후에 행한다.

정답 유추 이론

■ **LPG 자동차 취급 시 주의사항**
① 차를 장기간 사용하지 않을 때는 연료송출 밸브를 잠가 놓는다.
② 타르의 배출은 엔진 시동 전에 행한다.
③ 정비 작업 시는 주위에 화기가 없고 통풍이 좋은 곳에서 행한다.
④ 배기가스 정화 장치의 촉매 온도가 충분히 떨어진 후에 행한다.

정답 14.③

15 LPG 연료 공급장치에서 고압 액체 상태인 연료를 연소에 필요한 저압 연료로 감압시키는 장치는?

① 연료분사 노즐
② 베이퍼라이저
③ 연료 공기 믹서기
④ 연료 레귤레이터

정답 유추 이론

■ **LPG 연료 장치의 구성품**

베이퍼라이저는 LPG 장치의 가장 중요한 기능 부품으로 감압, 기화, 조압작용을 한다. 봄베로부터 압송된 고압의 액체 연료를 베이퍼라이저에서 감압시킨 후 기체 연료로 기화시켜 엔진 출력 및 연료 소비량에 만족할 수 있도록 조압하는 기능을 갖고 있다.
베이퍼라이저는 아이싱 현상으로 인한 연료차단 현상을 방지하기 위해 온수 통로를 설치하여 엔진의 냉각수를 순환시켜 기화에 필요한 열을 공급시켜 준다.

정답 15.②

16 LPG 연료 공급장치에서 봄베에 장착되어 있는 장치로 아닌 것은?

① LPG 충전 밸브
② LPG 송출 밸브
③ 솔레노이드 밸브
④ 과충전 방지 밸브

정답 유추 이론

■ **LPI 연료 장치의 구성품**
　① LPG 충전 밸브
　② LPG 송출 밸브
　③ 긴급 차단 솔레노이드 밸브
　④ 과충전 방지 밸브

정답 16.③

17 LPG 연료 장치 중 베이퍼라이저의 주요 구성품으로 틀린 것은?

① 1차압 밸런스 기구
② 2차록 솔레노이드 밸브
③ 액상 솔레노이드 밸브
④ 스타트 솔레노이드 밸브

정답 유추 이론

■ **LPG 연료 장치의 베이퍼라이저 구성품**
① 1차압 밸런스 기구 : 봄베 압이 일정한 때 1차실 압력은 1차 다이어프램과 다이어프램 스프링에 의해 일정하게 $0.3kg/cm^2$ 으로 유지해 준다.
② 2차록 솔레노이드밸브는 엔진 정지 시에 2차 밸브를 닫아 연료를 차단한다. 엔진이 정지하였을 때는 솔레노이드밸브가 작동하여 2차 레버를 당겨서 2차 밸브를 밸브 시트에 밀착시켜 가스 누출을 완전히 방지하고 연료를 차단한다.
③ 스타트 솔레노이드밸브(Start Solenoid Valve)는 전기적으로 솔레노이드밸브를 열어주어 냉간 시동에 필요한 연료를 공급해 주는 기능을 한다.

정답 17.③

---

18 LPG 연료 장치 중 믹서기의 주요 구성품으로 틀린 것은?

① 스로틀 포지션 밸브
② 연료 차단밸브
③ 아이들다운 솔레노이드 밸브
④ 대쉬 포트

정답 유추 이론

■ **LPG 연료 장치의 믹서 구성품**
① 스로틀 포지션 센서(T.P.S)는 피드백 믹서의 스로틀 밸브의 축(Shaft)과 동축으로 연결되어 엔진 운전 시 스로틀 밸브의 개도를 감지하여 컨트롤 유닛(ECU)에 신호를 보낸다.
② 연료차단 밸브(Fuel Cut Valve)
차량 주행 중 급감속 시 M.A.S 부의 MAIN연료 통로를 차단하는 장치로서 ECU는 엔진 회전수가 1620 RPM이상이고 아이들 스위치가 ON(스로틀 밸브 전폐) 상태일 때 MAIN연료 통로를 차단하며 피드백 보정도 멈춘다. 급감속 시에 불필요한 연료를 차단하여 연비 향상 및 배출가스 저감시킨다.
③ 아이들업 솔레노이드 밸브(Idle-Up Solenoid Valve)
엔진 아이들 시 전기부하, 파워 스티어링, 에어컨 부하가 걸릴 때 아이들 회전수 저하를 방지하기 위해 스로틀 밸브를 바이패스 하여 혼합기를 추가로 공급하여 아이들 및 저속 주행성 향상시킨다.
④ 대쉬포트(Dash port)
차량 주행 중 급감속 시 스로틀 밸브가 급격히 닫히는 것을 방지하여 차량 운전성 향상시킨다.

정답 18.③

19 LPG 엔진과 비교할 때 LPI 엔진의 장점으로 틀린 것은?

① 겨울철 냉간 시동성이 향상된다.

② 역화 발생이 현저히 감소된다.

③ 봄베에서 송출되는 가스 압력을 증가시킬 필요가 없다.

④ 주기적인 타르 배출이 불필요하다.

정답 유추 이론

■ **LPI 장치의 장점**

① 겨울철 시동성이 향상된다.

② 정밀한 LPG 공급량의 제어로 이미션(emission) 규제의 대응에 유리하다.

③ 고압의 액체 LPG 상태로 분사하여 타르 생성의 문제점을 개선할 수 있다.

④ 주기적인 타르 배출이 필요 없다.

⑤ 가솔린 엔진과 같은 수준의 동력 성능을 발휘한다.

⑥ 역화의 발생이 현저하게 감소된다.

정답 19.③

20 LPI(Liquid Petroleum Injection) 연료장치의 특징이 아닌 것은?

① 봄베 내부에 연료 펌프가 있다.

② 믹서에 혼합되어 연소실로 연료가 공급된다.

③ 연료 압력 레귤레이터에 의해 일정 압력을 유지하여야 한다.

④ 가스 온도센서와 가스 압력센서에 의해 연료 조성비를 알 수 있다.

정답 유추 이론

LPI 시스템은 엔진의 부하 및 배기가스를 제어하는 각종 센서는 동일하게 설치되어 있다. 그러나 LP연료를 액상상태로 만들기 위한 연료장치와 연료의 압력 조절을 위한 연료온도센서와 연료압력센서가 레귤레이터 유닛이 설치되어 있다. 또한 엔진의 EMS(Engine Management System)를 제어하기 위한 ECM와 별도로 인젝터와 연료펌프를 제어하기 위한 IFB ECM이 별도로 설치되어 있다.

정답 20.②

21 LPG 자동차에서 액상분사장치(LPI)에 대한 설명으로 틀린 것은?

① 빙결 방지용 아이싱 팁을 사용한다.

② 연료탱크 내부에 연료송출용 연료 펌프를 설치한다.

③ 가솔린 분사용 인젝터와 공용으로 사용할 수 없다.

④ 액.기상 연료 공급에 따라 연료 분사량이 제어되기도 한다.

정답 유추 이론

액·기상 전환 밸브는 기존의 LPG 엔진에서 냉각수 온도에 따라 기체 또는 액체 상태의 LPG를 송출하는 역할을 한다. LPI 시스템에서는 LPi 전용 인젝터와 아이싱 팁으로 구성되어 고압 연료라인을 통해 연료를 분배 액상 상태로 연료분사 한다.

정답 21.④

22 LPI 엔진의 연료 장치 주요 구성품으로 틀린 것은?

① 연료 펌프

② 베이퍼라이저

③ 모터 컨트롤러

④ 연료 레귤레이터 유닛

정답 유추 이론

■ LPI 연료 장치의 구성품

① 봄베 : 봄베는 LPG를 충전하기 위한 고압용기이다.

② 연료 펌프 : 연료 펌프는 봄베 내에 설치되어 있으며, 액체 상태의 LPG를 인젝터에 압송하는 역할을 한다.

③ 연료 레귤레이터 유닛 : 연료 압력 조절기 유닛은 연료 봄베에서 송출된 고압의 LPG를 다이어프램과 스프링 장력의 균형을 이용하여 연료 라인 내의 압력을 항상 펌프의 압력보다 약 5kgf/cm² 정도 높게 유지시키는 역할을 한다.

정답 22.②

23 전자제어 LPI 차량의 구성품이 아닌 것은?

① 연료차단 솔레노이드밸브
② 연료 펌프 드라이버
③ 과류 방지 밸브
④ 2차 솔레노이드밸브

정답 유추 이론

■ **LPI 연료 장치 구성품**

① 연료차단 솔레노이드밸브 : 엔진 시동을 ON, OFF시 작동하는 ON, OFF방식으로 엔진을 OFF 시 키면 봄베와 인젝터 사이의 연료 라인을 차단하는 역할을 한다.
연료차단 솔레노이드밸브는 연료 압력 조절기 유닛과 멀티 밸브 어셈블리에 각각 1개씩 설치되어 동일한 조건으로 동일하게 작동하여 2중으로 연료를 차단한다.

② 연료 펌프 드라이버 : 인터페이스 박스(IFB)에서 신호를 받아 펌프를 구동하기 위한 모듈이다.

③ 과류 방지 밸브 : 차량의 사고 등으로 배관 및 연결부가 파손된 경우 봄베로부터 연료의 송출을 차단하여 LPG의 방출로 인한 위험을 방지하는 역할을 한다.

※ 2차록 솔레노이드밸브 : 2차록 솔레노이드밸브는 LPG 베이퍼라이저에서 엔진 정지 시에 2차 밸 브를 닫아 연료를 차단한다.

정답 23.④

24 전자제어 LPI 엔진의 구성품이 아닌 것은?

① 스타트 솔레노이드밸브
② 가스 온도센서
③ 연료 압력센서
④ 레귤레이터 유닛

정답 유추 이론

■ **LPI 연료 장치 구성품**

① 가스 온도센서 : 가스 온도에 따른 연료량의 보정신호로 이용되며, LPG의 성분 비율을 판정할 수 있는 신호로도 이용된다.

② 연료 압력센서(가스 압력 센서) : LPG 압력의 변화에 따른 연료량의 보정 신호로 이용되며, 시동 시 연료 펌프의 구동 시간을 제어하는데 영향을 준다.

③ 레귤레이터 유닛 : 연료 압력 조절기 유닛은 연료 봄베에서 송출된 고압의 LPG를 다이어프램과 스프링 장력의 균형을 이용하여 연료 라인 내의 압력을 항상 펌프의 압력보다 약 5kgf/cm² 정도 높게 유지시키는 역할을 한다.

※ 스타트 솔레노이드 밸브 : 스타트 솔레노이드밸브(Start Solenoid Valve)는 LPG 엔진에서 전기 적으로 솔레노이드 밸브를 열어주어 냉간 시동에 필요한 연료를 공급해 주는 기능을 한다.

정답 24.①

25 전자제어 LPI 연료공급 시스템에서 연료 펌프 모듈의 구성품이 아닌 것은?

① 연료필터

② 연료차단 솔레노이드밸브

③ 릴리프밸브

④ 자·동 밸브

정답 유추 이론

■ LPI 시스템 연료 펌프 모듈 장치 구성품

연료 펌프는 연료탱크 내에 장착되어 있으며 연료 탱크내의 액상 LP연료를 인젝터로 압송하는 역할을 한다. 연료 펌프는 필터, BLDC 모터 및 양정형 펌프로 구성된 연료펌프 유니트와 연료차단 솔레노이드밸브, 수동 밸브, 릴리프밸브 및 과류 방지 밸브로 구성된 멀티 밸브 유니트로 구성된다.

정답 25.④

26 LPI 자동차의 연료 공급 장치에 대한 설명으로 틀린 것은?

① 연료 펌프는 기체의 LP 가스를 인젝터에 압송한다.

② 봄베는 내압 시험과 기밀시험을 통과하여야 한다.

③ 연료압력 조절기는 연료배관의 압력을 일정하게 유지시키는 역할을 한다.

④ 연료배관 파손 시 봄베 내 연료의 급격한 방출을 차단하기 위해 과류방지밸브가 있다.

정답 유추 이론

연료 펌프는 봄베 내에 설치되어 있으며, 액체상태의 LPG를 인젝터에 압송하는 역할을 한다. 연료펌프는 필터(여과기), BLDC 모터 및 양정형 펌프로 구성된 연료 펌프 유닛과 과류 방지 밸브, 리턴 밸브, 릴리프밸브, 수동 밸브, 연료차단 솔레노이드밸브가 배치되어 있는 멀티 밸브 유닛으로 구성되어 있다.

정답 26.①

27 **LPI 시스템에서 연료 펌프 제어에 대한 설명으로 옳은 것은?**

① 엔진 ECU에서 연료 펌프를 제어한다.
② 종합 릴레이에 의해 연료 펌프가 구동된다.
③ 모터 드라이버는 운전조건에 따라 연료 펌프의 속도를 제어한다.
④ 엔진이 구동되면 운전조건에 관계없이 일정한 속도로 회전한다.

정답 유추 이론

LPI 시스템의 펌프 드라이버는 연료펌프 내에 장착된 BLDC(brush less direct current) 모터의 구동을 제어하는 컨트롤러로서 엔진의 운전조건에 따라 모터를 5단계로 제어하는 역할을 한다.

정답 27.③

28 **LPG 차량에서 연료 압력 조절기 유닛의 주요 구성품이 아닌 것은?**

① 가스 온도센서
② 연료압력조절기
③ 연료 압력센서
④ 엔진 온도센서

정답 유추 이론

■ **연료 압력 조절기 유닛의 구성품**
　① 연료 압력 조절기 : 연료 라인의 압력을 펌프의 압력보다 항상 5kgf/cm² 정도 높도록 조절하는 역할을 한다.
　② 가스 온도 센서 : 가스 온도에 따른 연료량의 보정 신호로 이용되며, LPG의 성분 비율을 판정할 수 있는 신호로도 이용된다.
　③ 가스 압력 센서 : LPG 압력의 변화에 따른 연료량의 보정 신호로 이용되며, 시동 시 연료 펌프의 구동 시간을 제어하는데 영향을 준다.
　④ 연료차단 솔레노이드 밸브 : 연료를 차단하기 위한 밸브로 점화 스위치 OFF시 연료를 차단한다.

정답 28.④

29 LPI 엔진의 연료라인 압력이 봄베 압력보다 항상 높게 설정되어 있는 이유로 옳은 것은?

① 베이퍼 록 방지   ② 공연비 피드백 제어

③ 배출 가스 제어   ④ 정확한 두티 제어

정답 유추 이론

LPI 엔진의 연료라인 압력이 봄베의 압력보다 항상 높게 설정되어 있는 이유는 연료 라인에서 기화되는 것을 방지하기 위함이다.

정답 29.①

30 LPI 시스템에서 부탄과 프로판의 조성 비율을 판단하기 위한 센서 2가지는?

① 연료량 센서, 산소센서   ② 산소 센서, 압력 센서

③ 산소 센서, 유온 센서   ④ 압력 센서, 유온 센서

정답 유추 이론

① **압력센서** : 가스 압력에 따르는 연료펌프 구동시간 결정 및 LPG 조성 비율을 판정하여 최적의 LPG 분사량을 보정하는데 이용되며, 가스온도 센서가 고장일 때 대처 기능으로 사용된다.

② **유온센서** : 가스 압력센서와 함께 LPG 조성 비율 판정 신호로도 이용되며, LPG 분사량 및 연료 펌프 구동시간 제어에도 사용된다.

정답 30.④

31 LPI 엔진에서 연료의 부탄과 프로판의 조성비를 결정하는 입력 요소로 맞는 것은?

① 크랭크 각 센서, 캠각 센서   ② 공기 유량 센서, 흡기 온도센서

③ 연료 온도센서, 연료 압력센서   ④ 산소센서, 냉각수 온도센서

정답 유추 이론

연료 온도센서는 연료 압력센서와 함께 LPG조성 비율의 판정 신호로도 이용되며, LPG 분사량 및 연료 펌프 구동시간 제어에도 사용된다.

정답 31.③

32 LPI 엔진에서 연료 압력과 연료 온도를 측정하는 이유는?

① 연료 분사량을 결정하기 위함이다.

② 최적의 점화시기를 결정하기 위함이다.

③ 최대 흡입 공기량을 결정하기 위함이다.

④ 최대로 노킹 영역을 피하기 위함이다.

정답 유추 이론

가스 압력센서는 가스 온도센서와 함께 LPG조성 비율의 판정 신호로도 이용되며, LPG 분사량 및 연료 펌프 구동시간 제어에도 사용된다.

정답 **32.①**

33 LPI 엔진에서 사용하는 가스 온도센서(GTS)의 소자로 옳은 것은?

① NTC   ② PTC

③ FET   ④ SCR

정답 유추 이론

가스 온도센서는 연료 압력 조절기 유닛에 배치되어 있으며, 부특성 서미스터를 이용하여 LPG의 온도를 검출하여 가스 온도에 따른 연료량의 보정신호로 이용되며, LPG의 성분 비율을 판정할 수 있는 신호로도 이용된다.

정답 **33.①**

34 LPI 엔진에서 인젝터에 관한 설명으로 틀린 것은? (단, 베이퍼라이저가 미적용된 차량)

① 전류 구동 방식이다.   ② 아이싱 팁을 사용한다.

③ 액상의 연료를 분사한다.   ④ 실린더에 직접 분사한다.

정답 유추 이론

LPI 엔진의 인젝터는 전류 구동방식을 사용하며 액체상태의 LPG를 분사하는 인젝터와 LPG 분사 후 기화 잠열에 의한 수분의 빙결을 방지하기 위한 아이싱 팁(icing tip)으로 구성되어 있으며, 연료는 연료 입구측의 필터를 통과한 LPG가 인젝터 내의 아이싱팁을 통하여 흡기관에 분사된다.

정답 **34.④**

35 LPI 엔진의 연료장치에서 장시간 차량정지 시 수동으로 조작하여 연료 토출 통로를 차단하는 밸브는?

① 리턴 밸브
② 릴리프 밸브
③ 매뉴얼 밸브
④ 과류방지 밸브

정답 유추 이론

■ **LPI에서 사용하는 밸브의 역할**
① 매뉴얼 밸브 : 장기간 자동차를 운행하지 않을 경우 수동으로 LPG의 공급라인을 차단하는 수동 밸브이다.
② 과류 방지 밸브 : 차량의 사고 등으로 배관 및 연결부가 파손된 경우 봄베로부터 연료의 송출을 차단하여 LPG의 방출로 인한 위험을 방지하는 역할을 한다.
③ 릴리프 밸브 : LPG 공급라인의 압력을 액체 상태로 유지시켜, 엔진이 뜨거운 상태에서 재시동을 할 때 시동성을 향상시키는 역할을 한다.
④ 리턴 밸브 : 연료 라인의 LPG 압력이 규정값 이상이 되면 열려 과잉의 LPG를 봄베로 리턴시키는 역할을 한다.

정답 35.③

36 LPI 엔진에서 연료를 액상으로 유지하고 배관 파손 시 용기 내의 연료가 급격히 방출되는 것을 방지하는 것은?

① 릴리프 밸브
② 매뉴얼 밸브
③ 연료 차단 밸브
④ 과류 방지 밸브

정답 유추 이론

■ **LPI에서 사용하는 밸브의 역할**
① 릴리프 밸브 : LPG 공급라인의 압력을 액체 상태로 유지시켜, 엔진이 뜨거운 상태에서 재시동을 할 때 시동성을 향상시키는 역할을 한다.
② 과류 방지 밸브 : 차량의 사고 등으로 배관 및 연결부가 파손된 경우 봄베로부터 연료의 송출을 차단하여 LPG의 방출로 인한 위험을 방지하는 역할을 한다.
③ 매뉴얼 밸브 : 장기간 자동차를 운행하지 않을 경우 수동으로 LPG의 공급라인을 차단하는 수동 밸브이다.
④ 연료 차단 밸브 : 멀티 밸브 어셈블리에 설치되어 있으며, 엔진 시동을 OFF시키면 봄베와 인젝터 사이의 연료 라인을 차단하는 역할을 한다.

정답 36.④

37 LPI 엔진에서 크랭킹은 가능하나 시동이 불가능하다. 다음 두 정비사의 의견 중 옳은 것은?

> – 정비사 A : 연료펌프가 불량이다.
> – 정비사 B : 인히비터 스위치가 불량일 가능성이 높다.

① 정비사 A가 옳다.　　　　　② 정비사 B가 옳다.
③ 둘 다 옳다.　　　　　　　④ 둘 다 틀리다.

정답 37.①

04 CHAPTER

CBT 복원기출문제

01

전기자동차 고전압 배터리의 안전 플러그에 대한 설명으로 틀린 것은?

① 탈거 시 고전압 배터리 내부 회로연결을 차단한다.

② 전기자동차의 주행속도 제한 기능을 한다.

③ 일부 플러그 내부에는 퓨즈가 내장되어 있다.

④ 고전압 장치 정비 전 탈거가 필요하다.

> **정답유추이론**
>
> ① 안전 플러그는 고전압 배터리팩에 장착되어 있다.
> ② 기계적인 분리를 통하여 고전압 배터리 내부의 회로 연결을 차단한다.
> ③ 일부 플러그 내부에는 메인퓨즈가 내장되어 있다.
> ④ 고전압 장치 정비 전 고전압 차단절차에 따라 탈거가 필요하다.

02

전기자동차의 구동 모터 탈거를 위한 작업으로 가장 거리가 먼 것은?

① 서비스(안전) 플러그를 분리한다.

② 보조 배터리(12V)의 (−)케이블을 분리한다.

③ 냉각수를 배출한다.

④ 배터리 관리 유닛의 커넥터를 탈거 한다.

> **정답유추이론**
>
> • **고전압 전원 차단절차**
> ① 고전압(안전플러그)을 차단한다.
> ② 12V 보조배터리 (−)단자를 분리한다.
> ③ 파워 일렉트릭 커버를 탈거한다.
> ④ 언더커버를 탈거한다.
> ⑤ 냉각수를 배출한다.

03

하이브리드 스타터 제너레이터의 기능으로 틀린 것은?

① 소프트 랜딩 제어

② 차량 속도 제어

③ 엔진 시동 제어

④ 발전 제어

> **정답유추이론**
>
> • **하이브리드 스타터 제너레이터(HSG)의 주요 기능**
> ① **엔진 시동 제어** : 엔진과 구동 벨트로 연결되어 있어 엔진 시동 기능을 수행
> ② **엔진 속도 제어** : 하이브리드 모드 진입 시 엔진과 구동 모터 속도가 같을 때까지 하이브리드 스타터 제너레이터를 구동 후 엔진과 구동 모터의 속도가 같으면 엔진 클러치를 작동시켜 연결
> ③ **소프트 랜딩 제어** : 엔진 시동을 끌때 하이브리드 스타터 제너레이터로 엔진 부하를 걸어 엔진 진동을 최소화함
> ④ **발전 제어** : 고전압 배터리의 충전량 저하 시 엔진 시동을 걸어 엔진 회전력으로 고전압 배터리를 충전함

04

모터 컨트롤 유닛 MCU(Motor Control Unit)의 설명으로 틀린 것은?

① 고전압 배터리의(DC) 전력을 모터 구동을 위한 AC 전력으로 변환한다.
② 구동모터에서 발생한 DC 전력을 AC로 변환하여 고전압 배터리에 충전한다.
③ 가속시에 고전압 배터리에서 구동모터로 에너지를 공급한다.
④ 3상 교류(AC) 전원(U, V, W)으로 변환된 전력으로 구동모터를 구동시킨다.

> **정답유추이론**

• **모터 컨트롤 유닛 MCU(Motor Control Unit)**
① MCU는 전기차의 구동모터를 구동시키기 위한 장치로서 고전압 배터리의 직류(DC)전력을 모터구동을 위한 교류(AC)전력으로 변환시켜 구동모터를 제어한다.
② 고전압 배터리로부터 공급되는 직류(DC)전원을 이용하여 3상 교류(AC)전원으로 변환하여 제어보드에서 입력받은 신호로 3상 AC(U, V, W)전원을 제어함으로써 구동모터를 구동시킨다.
③ 가속시에는 고전압 배터리에서 구동모터로 전기 에너지를 공급하고 감속 및 제동 시에는 구동 모터를 발전기 역할로 변경시켜 구동 모터에서 발생한 에너지, 즉 AC 전원을 DC 전원으로 변환하여 고전압 배터리로 에너지를 회수함으로써 항속 거리를 증대시키는 기능을 한다.

05

마스터 BMS의 표면에 인쇄 또는 스티커로 표시되는 항목이 아닌 것은? (단, 비일체형인 경우로 국한한다.)

① 사용하는 동작 온도범위
② 저장 보관용 온도범위
③ 셀 밸런싱용 최대 전류
④ 제어 및 모니터링하는 배터리 팩의 최대 전압

> **정답유추이론**

• **마스터 BMS 표면에 표시되는 항목**
① BMS 구동용 외부전원의 전압 범위 또는 자체 배터리 시스템에서 공급받는 구동용 전압 범위.
② 제어 및 모니터링 하는 배터리 팩의 최대 전압
③ 제어 및 모니터링 하는 배터리 팩의 최대 전류
④ 사용동작 온도범위
⑤ 저장 보관용 온도 범위

06

전기자동차의 공조장치(히트펌프)에 대한 설명으로 틀린 것은?

① 정비 시 전용 냉동유(POE) 주입
② PTC형식 이베퍼레이트 온도 센서 적용
③ 전동형 BLDC 블로어 모터 적용
④ 온도센서 점검 시 저항(Ω) 측정

> **정답유추이론**

① **PTC 히터** : 실내 난방을 위한 고전압 전기히터.
② **이베퍼레이트** : 냉매의 증발되는 효과를 이용하며 공기를 냉각 한다.
③ **이베페레이트 온도센서** : NTC 온도센서 적용.

07

하이브리드 자동차의 내연기관에 가장 적합한 사이클 방식은?

① 오토 사이클   ② 복합 사이클
③ 에킨슨 사이클   ④ 카르노 사이클

정답유추이론

① 에킨슨 사이클(고팽창비 사이클)은 압축 행정을 짧게 하여 압축시의 펌핑 손실을 줄이고 기하학적 팽창비(압축비)를 증대하여 폭발시 형성되는 에너지를 최대로 활용하는 사이클이다.

② 에킨슨 사이클의 특징
- 흡기 밸브를 압축 과정에 닫아 유효 압축 시작시기를 늦춰 압축비대비 팽창비를 크게 함
- 일반 가솔린엔진 대비 효율이 좋으나 최대 토크는 낮아 HEV등에 적용됨
- HEV는 모터를 이용해 부족한 토크를 보완함

③ 에킨슨 사이클의 출력과 토크
- 최대 토크 : 흡기 밸브를 늦게 닫기 때문에 체적효율이 상대적으로 낮아져 최대 토크가 낮으며, 높은 압축비로 인해 노크 특성이 불리해져 저속 구간에서 토크가 제한될 수밖에 없음
- 최대 출력 : 최대 토크가 낮기 때문에 최대 출력 또한 낮음.

08

연료전지 자동차에서 수소라인 및 수소탱크 누출 상태점검에 대한 설명으로 옳은 것은?

① 수소가스 누출 시험은 압력이 형성된 연료전지 시스템이 작동 중에만 측정을 한다.

② 소량누설의 경우 차량시스템에서 감지를 할 수 없다.

③ 수소 누출 포인트별 누기 감지센서가 있어 별도 누설점검은 필요 없다.

④ 수소탱크 및 라인 검사 시 누출 감지기 또는 누출 감지액으로 누기 점검을 한다.

09

하이브리드 시스템에서 주파수 변환을 통하여 스위칭 및 전류를 제어하는 방식은?

① SCC 제어   ② CAN 제어
③ PWM 제어   ④ COMP 제어

정답유추이론

- 전원스위치를 일정한 주기로 ON-OFF하는 것에 의해 전압을 가변한다. 예를 들면, 스위치 ON하는 시간대를 반으로 하는 동작을 실시하면, 출력전압은, 일력 전원의 반의 전압(전류)이 된다.
- 전압을 높게 하려면, ON시간을 길게, 낮게 하려면 ON시간을 짧게 한다.
- 이러한 제어 방식을 펄스폭으로 제어하기 때문에, PWM(Pulse Width Modulation)이라고 부르며, 현재 일반적으로 사용되고 있으며. 펄스폭의 시간을 결정하는 기본이 되는 주파수를 캐리어 주파수라고 한다.

10

연료전지 자동차의 모터 냉각 시스템의 구성품이 아닌 것은?

① 냉각수 라디에이터
② 냉각수 필터
③ 전자식 워터펌프(EWP)
④ 전장 냉각수

정답유추이론

- **연료전지 자동차의 전장(모터) 냉각시스템 구성부품**
① 전장 냉각수
② 전자식 워터펌프(EWP)
③ 전장 냉각수 라디에이터
④ 전장 냉각수 리저버

11

연료전지 자동차에서 정기적으로 교환해야 하는 부품이 아닌 것은?

① 이온 필터
② 연료전지 클리너 필터
③ 연료전지(스택) 냉각수
④ 감속기 윤활유

정답유추이론

① 이온필터는 특정수준으로 차량의 전기전도도를 유지하고 전기적 안전성을 확보하기 위하여 스택 냉각수로부터 이온을 필터링하는 역할을 하며 스택 냉각수의 전기 전도도를 일정하게 유지하기 위하여 정기적으로 교환하여야 한다.
② 연료전지 차량은 흡입공기에서 먼지 입자와 유해가스(아황산가스, 부탄)를 걸러내는 화학필터를 사용하며 필터의 유해가스 및 먼지의 포집 용량을 고려하여 주기적으로 필터를 교환하여야 한다.
③ 연료전지 스택 냉각수는 연료전지 스택의 분리판 사이의 채널을 통과하며 연료전지가 작동하는 동안에는 240~480V의 고전압이 채널을 통해 흐른다. 따라서 냉각수가 우수한 전기 절연성이 없는 경우 전기 감전 등의 사고가 발생할 수 있으므로 정기적으로 교환해 주어야 한다.
④ 감속기 오일은 영구적이며 교체가 필요없다.

12

상온에서의 온도가 25℃일 때 표준상태를 나타내는 절대온도(K)는?

① 100
② 273.15
③ 0
④ 298.15

정답유추이론

절대온도 = ℃ + 273.15
절대온도 = 25℃ + 273.15 = 298.15

13

연료전지의 효율(n)을 구하는 식은?

① $n = \dfrac{1mol의\ 연료가\ 생성하는\ 전기에너지}{생성\ 엔트로피}$

② $n = \dfrac{10mol의\ 연료가\ 생성하는\ 전기에너지}{생성\ 엔탈피}$

③ $n = \dfrac{1mol의\ 연료가\ 생성하는\ 전기에너지}{생성\ 엔탈피}$

④ $n = \dfrac{10mol의\ 연료가\ 생성하는\ 전기에너지}{생성\ 엔트로피}$

정답유추이론

• 연료전지의 효율은 현재 작동하고 있는 지점에서 수소 1mol 의 연료가 생성하는 전기에너지를 연료가 가지고 있는 최대 엔탈피(고위발열량 High Heating Value)량을 나누어준다.

$$n = \frac{1mol의\ 연료가\ 생성하는\ 전기에너지}{생성\ 엔탈피\,(고위\ 발열량)}$$
$$= \frac{최대전지\ 발생량}{전기화학반응\ 엔탈피}$$
$$\epsilon\eta = \frac{연료전지의\ 실제\ 작동전압}{연료전지의\ 이론전압}$$

• 수소와 산소가 반응하여 물이 생성되는 반응에는 두 가지의 발열량 개념이 있다.
① **저위발열량** LHV(Lower Heating Value) – 수소와 산소가 반응하여 기체 물이 되는 반응
② **고위발열량** HHV(Higher Heating Value) – 수소와 산소가 반응하여 액체 물이 되는 반응으로 기체에서 액체로 응축되면서 응축열이 발생하며 더 많은 열량이 방출됨

14

RESS(Rechargeable Energy Storage System)에 충전된 전기 에너지를 소비하며 자동차를 운전하는 모드는?

① HWFET모드　　② PTP모드
③ CD모드　　　　④ CS모드

정답유추이론

① CD 모드(충전-소진모드, Charge depleting mode)는 RESS(Rechargeable Energy Storage System)에 충전된 전기 에너지를 소비하며 자동차를 운행하는 모드이다.
② CS 모드(충전-유지모드, Charge sustaining mode)는 RESS(Rechargeable Energy Storage System)가 충전 및 방전을 하며 전기 에너지를 충전량이 유지되는 동안 연료를 소비하며 운행하는 모드이다.
③ HWFET 모드는 고속연비 측정방법으로 고속으로 항속주행이 가능한 특성을 반영하여 고속도로 주행 테스트 모드를 통하여 연비를 측정한다.
④ PTP 모드는 도심 주행연비로 도심주행모드(FTP-75) 테스트 모드를 통하여 연비를 측정한다.

15

환경친화적 자동차의 요건 등에 관한 규정상 일반 하이브리드 자동차에 사용하는 구동축 전지의 공칭전압 기준은?

① 교류 220V 초과
② 직류 60V 초과
③ 교류 60V 초과
④ 직류 220V 초과

정답유추이론

[관련 법령]
**환경친화적 자동차의 요건 등에 관한 규정 제4조
(기술적 세부사항)**
① 일반 하이브리드 자동차에 사용하는 구동축전지의 공칭전압은 직류60V를 초과하여야 한다.
⑥ 플러그인 하이브리드 자동차에 사용하는 구동 축전지의 공칭전압은 직류 100V를 초과 하여야 한다.

16

하이브리드 자동차의 회생제동 기능에 대한 설명으로 옳은 것은?

① 불필요한 공회전을 최소화 하여 배출가스 및 연료 소비를 줄이는 기능
② 차량의 관성에너지를 전기에너지로 변환하여 배터리를 충전하는 기능
③ 가속을 하더라도 차량 스스로 완만한 가속으로 제어하는 기능
④ 주행 상황에 따라 모터의 적절한 제어를 통해 엔진의 동력을 보조하는 기능

정답유추이론

• 회생 제동 기능
① 차량을 주행 중 감속 또는 브레이크에 의한 제동발생 시점에 구동모터의 전원을 차단하고 역으로 발전기 역할인 충전모드로 제어하여 구동모터에 발생된 전기에너지를 회수함으로서 구동모터에 부하를 가하여 제동을 하는 기능이다.
② 하이브리드 및 전기자동차는 제동에너지의 일부를 전기에너지로 회수하는 연비 향상 기술이다.
③ 하이브리드 및 전기자동차는 감속 및 제동 시 운동에너지를 전기에너지로 변환하여 회수하여 고전압 배터리를 충전한다.

17

하이브리드 차량의 내연기관에서 발생하는 기계적 출력 상당 부분을 분할(split) 변속기를 통해 동력으로 전달시키는 방식은?

① 하드 타입 병렬형
② 소프트 타입 병렬형
③ 직렬형
④ 복합형

정답추리론

① **병렬형** : 복수의 동력원(엔진, 전기 모터)을 설치하고, 주행 상태에 따라서 어느 한 편의 동력을 이용하여 구동하는 방식이다.
  ㉮ Hard Type(하드 타입) : TMED(엔진 클러치 장착)
  - EV 모드 구현됨.
  - 엔진 클러치 장착
  - 별도의 엔진 Starter 필요함.
  ㉯ Soft Type(소프트 타입) : FMED(엔진 클러치 미장착)
  - 엔진 출력축에 직전 모터장착.
  - 엔진 시동, 파워 어시스트, 회생 제동 가능 수행
② **직렬형** : 엔진에 발전기를 부착하여 발전하고, 이때 생성된 전기로써 모터를 가동하여 차량을 구동시키는 방식이다. 엔진은 배터리의 SOC 저하 시 배터리를 충전시키기 위한 구동이 주요 목적이며 구동축의 동력원에는 관여하지 않는다.
  - 엔진과 구동축이 기계적으로 연결 안 됨.
  - 에너지 변환 손실이 큼.
  - 대용량 구동용 모터가 필요함.
④ **복합형(Power Split Type)** : 전기 모터와 가솔린 엔진을 복합적으로 사용하면서 중저속 운전은 전기 모터로, 고속 운전과 급가속 등 큰 출력이 있어야 할 때는 가솔린 엔진을 모터와 함께 병용하므로 연료 절감의 효과가 15~50%에 달하며 배출 가스양도 훨씬 적다.
  1) 복합형 하이브리드자동차는 직렬형과 병렬형의 중간 방식이다.
  2) 일본 도요타의 프리우스(Prius)의 구동 방식 시스템이다.
  3) 타 Hybrid 방식의 차량에 비해 그 동력 성능이 매우 뛰어난 시스템이다.
  4) 고효율을 얻을 수 있으며, 배기가스 저감이 쉽다는 장점이 있다.

5) 고난도의 제어기술이 필요하다.
6) 엔진, 2개의 모터
7) 유성기어
8) 별도의 변속기가 없음(E-CVT)

18

수소 연료전지 자동차에서 열관리 시스템의 구성 요소가 아닌 것은?

① 연료전지 냉각 펌프
② COD 히터
③ 칠러 장치
④ 라디에이터 및 쿨링 팬

정답추리론

● 수소 연료전지 자동차에서 열관리 시스템의 구성 요소
① 냉각 펌프
② COD 히터
③ 냉각수 온도센서
④ 온도제어 밸브
⑤ 바이패스 밸브
⑥ 냉각수 이온필터
⑦ 냉각수 라디에이터
⑧ 냉각수 쿨링 팬
⑨ 냉각수 리저버

19

리튬이온(폴리머)배터리의 양극에 주로 사용되어지는 재료로 틀린 것은?

① $LiMn_2O_4$ ② $LiFePO_4$
③ $LiTi_2O_2$ ④ $LiCoO_2$

정답추리론

● 리튬이온전지 양극 재료
① 리튬망간산화물($LiMn_2O_4$)
② 리튬철인산염($LiFePO_4$)
③ 리튬코발트산화물($LiCoO_2$)
④ 리튬니켈망간코발트산화물($LiNiMnCO_2$)
⑤ 이산화티탄(TiS_2)

20
다음과 같은 역할을 하는 전기자동차의 제어
시스템은?

> 배터리 보호를 위한 입출력 에너지 제한
> 값을 산출하여 차량제어기로 정보를 제
> 공한다.

① 완속충전 기능
② 파워제한 기능
③ 냉각제어 기능
④ 정속주행 기능

정답유추이론

- **전기자동차의 제어시스템**
① **파워 제한 기능** : 고전압 배터리 보호를 위해 상황별
  입·출력 에너지 제한값을 산출하여 차량 제어기로
  정보를 제공한다.
② **냉각 제어 기능** : 최적의 고전압 배터리 동작온도를
  유지하기 위한 냉각 시스템을 이용하여 배터리 온도
  를 유지관리 한다.
③ **SOC 추정 기능** : 고전압 배터리 전압, 전류, 온도를
  측정하여 고전압 배터리의 SOC를 계산하여 차량제
  어기로 정보를 전송하여 SOC영역을 관리한다.
④ **고전압 릴레이 제어 기능** : 고전압 배터리단자와
  고전압을 사용하는 PE(Power Electric) 부품의 전
  원을 공급 및 차단 한다.

CBT 복원기출문제 제1회

01.②	02.④	03.②	04.②	05.③
06.②	07.③	08.④	09.③	10.②
11.④	12.④	13.③	14.③	15.②
16.②	17.④	18.③	19.③	20.②

2022년 CBT 복원기출문제

자동차정비산업기사 [친환경자동차정비]

제2회 (정답 188쪽)

01

수소 연료전지 자동차에서 전기가 생성되는 데 필요한 장치가 아닌 것은?

① 공기 공급장치
② 알터네이터
③ 스택(연료전지)
④ 수소 공급장치

정답유추이론

• **수소 연료전지 구성**
① **수소저장탱크** : 탱크 내에 수소를 저장하며 스택으로 수소를 공급한다.
② **수소 공급 장치** : 연료전지 스택의 효율적인 전기 에너지의 생성을 위해서는 고압의 수소를 저압으로 변환시켜 연료전지 스택으로 공급하는 역할을 담당한다.
③ **스택(연료전지)** : 연료전지 부품의 가장 핵심이며 수소를 이용하여 전기 에너지를 생성한다.
④ **공기 공급장치** : 스택 내에서 수소와 결합하여 전기 에너지를 생성하기 위한 산소를 순수한 산소 형태가 아닌 대기의 공기를 스택으로 공급하는 장치이다.

02

전기자동차 고전압 배터리의 안전 플러그에 대한 설명으로 틀린 것은?

① 고전압 장치 정비 전 탈거가 필요하다.
② 전기자동차의 주행속도 제한 기능을 한다.
③ 탈거 시 고전압 배터리 내부 회로연결을 차단한다.
④ 일부 플러그 내부에는 퓨즈가 내장되어 있다.

정답유추이론

• **안전플러그**
① 안전 플러그는 고전압 시스템 정비시 고전압 배터리 회로의 연결을 기계적으로 차단하는 역할을 한다.
② 안전 플러그 내부에는 과전류로부터 고전압 시스템 관련 부품을 보호하기 위하여 메인 퓨즈가 장착되어 있는 것이 있다.
③ 고전압 차단절차를 수행하기 위하여 안전 플러그를 탈거하여야 한다.

03

연료전지 자동차의 모터 컨트롤 유닛(MCU)의 설명으로 틀린 것은?

① 인버터는 모터를 구동하는데 필요한 교류 전류와 고전압 배터리의 교류 전류를 변환한다.
② 감속 시 모터에 의해 생성된 에너지는 고전압 배터리를 충전하여 주행 가능거리를 증가시킨다.
③ 고전압 배터리의 직류전원을 3상 교류전원으로 변환하여 구동 모터를 구동 제어한다.
④ 인버터는 연료전지 자동차의 모터를 구동한다.

정답유추이론

• **MCU의 기능**
① MCU는 내부의 인버터(Inverter)가 작동하여 고전압 배터리로부터 공급된 직류(DC) 전원을 3상 교류 (AC) 전원으로 변환시킨 후 자동차의 통합 제어기인

VCU의 명령으로 구동모터를 제어하는 기능을 담당한다.

② 주행 시에는 고전압 배터리에서 구동모터로 전기 에너지를 공급하고 감속 시에는 구동 모터가 발전기 역할로 변환되어 구동 모터에서 발생된 교류 전기에너지(AC)를 직류(DC)로 변환하여 고전압 배터리를 충전하므로 항속거리를 증대시키는 기능을 하는데 이것을 회생제동이라 한다.

③ MCU는 고전압 시스템의 냉각을 위해 장착된 EWP(Electric Water Pump)를 제어하는 역할도 담당 한다.

04

전기자동차의 에너지소비효율을 구하는 식으로 옳은 것은?

① $\dfrac{1회\ 충전\ 주행거리(km)}{차량\ 주행시\ 소요된\ 전기에너지\ 충전량(kWh)}$

② $\dfrac{차량\ 주행시\ 소요된\ 전기에너지\ 충전량(kWh)}{1회\ 충전\ 주행거리(km)}$

③ $1 + \dfrac{1회\ 충전\ 주행거리(km)}{차량\ 주행시\ 소요된\ 전기에너지\ 충전량(kWh)}$

④ $1 - \dfrac{1회\ 충전\ 주행거리(km)}{차량\ 주행시\ 소요된\ 전기에너지\ 충전량(kWh)}$

정답유추이론

- **자동차의 에너지소비효율 및 등급표시에 관한 규정 [별표 1]**
- ④ 전기사용 자동차의 경우

    에너지 소비효율(km/kWh)

    $= \dfrac{1회\ 충전\ 주행거리(km)}{차량\ 주행시\ 소요된\ 전기에너지\ 충전량(kWh)}$

05

고전압 배터리 셀 모니터링 유닛의 교환이 필요한 경우로 틀린 것은?

① 배터리 전압 센싱부 이상/과전압
② 배터리 전압 센싱부 이상/저전류
③ 배터리 전압 센싱부 이상/저전압
④ 배터리 전압 센싱부 이상/전압편차

정답유추이론

- **고전압 배터리 셀 모니터링 유닛의 기능**

    고전압 배터리 셀 모니터링 유닛(CMU : Cell Monitoring Unit)은 각 고전압 배터리 모듈의 온도, 전압, 화학적 상태를 측정하여 BMU(Battery Management Unit)에 전달하는 기능과 셀 밸런싱 기능을 수행 한다.

06

하이브리드 자동차의 EV모드 운행 중 보행자에게 차량 근접에 대한 경고를 하기 위한 장치는?

① 보행자 경로 이탈 장치
② 가상엔진 사운드 장치
③ 긴급 제동 지연 장치
④ 파킹 주차 연동 소음 장치

정답유추이론

- **가상 엔진 사운드 시스템(Virtual Engine Sound System)**

    xEV 자동차는 엔진소음이 없으므로 저속 EV모드로 주행중 차량 근접을 보행자에게 경고하기 위한 시스템이다. 엔진 소리와 유사한 소리의 가상 사운드를 외부에 있는 스피커를 통해 작동하여 보행자에게 주의를 환기시켜 사전에 충돌사고를 예방하는 시스템으로 전진으로 주행 시 28Km/h 까지 사운드를 발생하고 후진 시에는 속도와 관계없이 사운드를 출력한다.

07

리튬-이온 고전압 배터리의 일반적인 특징이 아닌 것은?

① 열관리 및 전압관리가 필요하다.
② 셀당 전압이 낮다.
③ 과충전 및 과방전에 민감하다.
④ 높은 출력밀도를 가진다.

정답유추이론

• 리튬-이온 배터리 장점
① 가볍고 높은 에너지 저장(출력)밀도
② 높은 셀(3.75V)전압
③ 자가방전에 의한 전력손실이 적다.
④ 뛰어난 온도특성 (-30℃~60℃)
⑤ 수은등의 중금속에 의한 환경오염이 없음
• 리튬-이온 배터리 단점
① 사용 시간에 따라 열화가 발생한다.
② 수명이 짧다.
③ 배터리 자체온도에 민감하다
④ 저온 및 고온 시 용량이 감소한다.
⑤ 전해질이 액체이므로 누액 시 폭발 위험이 있다.

08

다음과 같은 역할을 하는 전기자동차의 제어 시스템은?

> 배터리 보호를 위한 입출력 에너지 제한 값을 산출하여 차량제어기로 정보를 제공한다.

① 정속주행 기능   ② 냉각제어 기능
③ 파워제한 기능   ④ 완속충전 기능

정답유추이론

• 전기자동차 고전압 배터리 제어 시스템
① 배터리 충전율(SOC)제어 : 전압, 전류, 온도의 측정을 통해 배터리의SOC를 계산하여 적정 영역으로 제어한다.
② 배터리 출력(파워 제한) 제어 : 시스템의 상태에 따른 입·출력 에너지 값을 산출하여 배터리 보호,

가용파워 예측, 과충전·과방전, 내구성 확보 및 충·방전 에너지를 극대화 한다.
③ 냉각 제어 : 배터리 냉각시스템 제어를 통한 최적의 배터리 동작 온도를 유지한다.
④ 파워 릴레이 제어 : IG 스위치 ON, OFF시 고전압 배터리에서 고전압 관련 시스템으로 전원 공급 및 차단을 하며, 고전압 시스템의 고장으로 인한 안전사고를 방지 한다.

09

하이브리드 자동차 전기장치 정비 시 지켜야 할 안전사항으로 틀린 것은?

① 전원을 차단하고 일정 시간이 경과 후 작업한다.
② 서비스 플러그(안전플러그)를 제거한다.
③ 하이브리드 컴퓨터의 커넥터를 분리해야 한다.
④ 절연장갑을 착용하고 작업한다.

정답유추이론

• 고전압 차단절차 방법
① 점화 스위치를 OFF하고, 보조 배터리(12V)의 (−)케이블을 분리한다.
② 안전플러그를 탈거(제거)한다.
③ 안전 플러그 탈거 후 인버터 내에 있는 커패시터의 방전을 위하여 반드시 5분 이상 대기한다.
④ 인버터 커패시터 방전 확인을 위하여 인버터 단자간 전압을 측정한다.
⑤ 인버터의 (+) 단자와 (−) 단자 사이의 전압 값을 측정한다.
    − 30V 이하 : 고전압 회로 정상 차단
    − 30V 이상 : 고전압 회로 이상
⑥ 개인 보호장비를 착용하고 작업을 한다.

10

하이브리드 자동차의 고전압 계통 부품을 점검하기 위해 선행해야 할 작업으로 틀린 것은?

① 고전압 배터리에 적용된 안전 플러그를 탈거한 후 규정 시간 이상 대기한다.
② 점화스위치를 OFF하고 보조 배터리(12V)의 (−) 케이블을 분리한다.
③ 고전압 배터리 용량(SOC)을 20% 이하로 방전시킨다.
④ 인버터로 입력되는 고전압 (+), (−) 전압 측정 시 규정값 이하인지 확인한다.

정답유추이론

• **고전압 차단절차 방법**
① 점화 스위치를 OFF하고, 보조 배터리(12V)의 (−)케이블을 분리한다.
② 안전플러그를 탈거(제거)한다.
③ 안전 플러그 탈거 후 인버터 내에 있는 커패시터의 방전을 위하여 반드시 5분 이상 대기한다.
④ 인버터 커패시터 방전 확인을 위하여 인버터 단자간 전압을 측정한다.
⑤ 인버터의 (+) 단자와 (−) 단자 사이의 전압 값을 측정한다.
　− 30V 이하 : 고전압 회로 정상 차단.
　− 30V 이상 : 고전압 회로 이상
⑥ 30V 이상의 전압이 측정 된 경우, 안전 플러그 탈거 상태를 재확인한다.
안전 플러그가 탈거 되었음에도 불구하고 30V 이상의 전압이 측정 됐다면, 고전압 회로에 중대한 문제가 발생했을 수 있으므로 이러한 경우 DTC 고장진단 점검을 먼저 실시한다.

11

환경친화적 자동차의 요건 등에 관한 규정상 고속전기자동차의 복합 1회충전 주행거리 최소 기준은? (단, 승용자동차에 국한한다.)

① 150km 이상
② 300km 이상
③ 250km 이상
④ 70km 이상

정답유추이론

• **환경친화적 자동차의 요건 등에 관한 규정 제4조**
③ 전기자동차는 자동차관리법 제3조 제1항 내지 제2항에 따른 자동차의 종류별로 다음 각 호의 요건을 갖춰야 한다.
1. **초소형전기자동차(승용자동차 / 화물자동차)**
　가. 1회충전 주행거리 : 「자동차의 에너지소비효율 및 등급표시에 관한 규정」에 따른 복합 1회충전 주행거리는 55km 이상
　나. 최고속도 : 60 km/h 이상
2. **고속전기자동차(승용자동차 / 화물자동차 / 경 · 소형 승합자동차)**
　가. 1회 충전 주행거리 : 「자동차의 에너지소비효율 및 등급표시에 관한 규정」에 따른 복합 1회 충전 주행거리는 승용자동차는 150km 이상, 경 · 소형 화물자동차는 70km 이상, 중 · 대형 화물자동차는 100km 이상, 경 · 소형 승합자동차는 70km 이상
　나. 최고속도 : 승용자동차는 100km/h 이상, 화물자동차는 80km/h 이상, 승합자동차는 100km/h 이상
3. **전기버스(중 · 대형 승합자동차)**
　가. 1회 충전 주행거리 : 한국산업표준 "전기 자동차 에너지 소비율 및 일 충전 주행 거리 시험 방법(KS R 1135)"에 따른 1회충전 주행거리는 100km 이상
　나. 최고속도 : 60km/h 이상

12

전기자동차의 브레이크 페달 스트로크 센서 (PTS) 영점 설정 시기가 아닌 것은?

① 자기진단시스템에 영점 설정 코드 검출 시
② 브레이크 페달 어셈블리 교체 후
③ 브레이크 액추에이션 유닛(BAU) 교체 후
④ 브레이크 패드 교체 후

정답유추이론

• 브레이크 페달 센서 보정 시기
① **목적** : 브레이크 페달 센서는 설정된 영점을 기준으로 페달 Full Stroke를 계산하므로 최초 장착 시 영점보정이 필요함
② **영점보정 시점**
- BAU(Barke Actuation Unit) 탈·장착작업 후
- 페달 어셈블리 교체 후(센서 단품 교환 불가)
- PSU(Pressure Source Unit) 교체 후
- C1380(옵셋 보정) 또는 C1379(신호이상)가 검출되었을 경우

13

하이브리드 자동차 용어(KS R 0121)에서 다음이 설명하는 것은?

> 배터리 팩이나 시스템으로부터 회수할 수 있는 암페어시 단위의 양을 시험 전류와 온도에서의 정격용량으로 나눈 것으로 백분율로 표시

① 배터리 용량　　② 방전 심도
③ 정격 용량　　　④ 에너지 밀도

정답유추이론

• 하이브리드 자동차 용어(KS R 0121)
① **방전 심도**(depth of discharge) : 배터리 팩이나 시스템으로부터 회수할 수 있는 암페어시 단위의 양을 시험 전류와 온도에서의 정격 용량으로 나눈 것으로 백분율로 표시.

② **배터리 용량**(battery capacity) : 규정된 조건에서 완전히 충전된 배터리로부터 회수할 수 있는 암페어시(Ah) 단위의 양.
③ **에너지 밀도**(energy density) : Wh/L로 표시되며 배터리 팩이나 시스템의 체적당 저장되는 에너지량.
④ **정격용량**(rated capacity) : 제조자가 규정한 제원으로 방전률, 온도, 방전 차단 전압 등과 같은 규정된 시험 설정 조건에서 완전히 충전된 배터리 팩이나 시스템으로부터 회수할 수 있는 암페어시 단위의 양.

14

자동차용 내압용기 안전에 관한 규정상 압축 수소가스 내압용기의 사용압력에 대한 설명으로 옳은 것은?

① 용기에 따라 15℃에서 35MPa 또는 70MPa의 압력을 말한다.
② 용기에 따라 15℃에서 50MPa 또는 100MPa의 압력을 말한다.
③ 용기에 따라 25℃에서 15MPa 또는 50MPa의 압력을 말한다.
④ 용기에 따라 25℃에서 35MPa 또는 100MPa의 압력을 말한다.

정답유추이론

• 자동차용 내압용기 안전에 관한 규정
압축수소가스 내압용기(용기밸브와 용기 안전장치를 제외한다) 제조관련 세부기준, 검사(시험)방법 및 절차 (제3조제4호 관련)
1.3.11 사용압력(최고충전압력)
용기에 따라 15℃에서 35Mpa 또는 70MPa의 압력을 말한다.

15

수소 연료전지 자동차에서 연료전지에 수소가 공급되지 않거나, 수소 압력이 낮은 상태일 때 고장 예상원인이 아닌 것은?

① 수소 차단 밸브 미작동
② 수소 차단 밸브 전단 압력 높음
③ 수소 공급 밸브 미작동
④ 수소 차단 밸브 전단 압력 낮음

① 수소공급 시스템의 주요 구성요소는 수소차단밸브, 수소공급밸브, 퍼지밸브, 워터트랩, 드레인 밸브, 수소센서 및 저압 센서로 구성된다.
② 수소차단 밸브는 수소탱크로부터 스택에 수소를 공급하거나 차단하는 개폐 밸브이다.
③ 수소차단 밸브는 IG ON 시 열리고 OFF시 닫힌다.
④ 수소공급 밸브는 수소가 스택에 공급되기 전에 수소 압력을 낮추거나 스택 전류에 맞추어 수소압력을 제어하는 기능을 한다.
⑤ 수소 압력 제어를 위해 수소공급 시스템에는 저압 센서가 적용되어 있다.

• 스택에 수소가 공급되지 않거나 수소압력이 낮을 때 예상되는 원인
① 수소 차단 밸브 전단 압력 낮음
② 수소 차단 밸브 미작동
③ 수소 공급 밸브 미작동
④ 수소 외부 누설 및 저압 센서

16

자동차규칙상 고전원전기장치 활선도체부와 전기적 섀시 사이의 절연저항 기준으로 옳은 것은? (단, 교류회로가 독립적으로 구성된 경우이다.)

① 500Ω/V 이상   ② 300Ω/V 이상
③ 200Ω/V 이상   ④ 400Ω/V 이상

• 자동차 및 자동차부품의 성능과 기준에 관한 규칙 (제18조의 2 관련)
별표 5 고전원 전기장치 절연 안전성 등에 관한 기준

7. 고전원전기장치 활선도체부와 전기적 섀시 사이의 절연저항은 다음 각 호의 기준에 적합하여야 한다.
가. 직류회로 및 교류회로가 독립적으로 구성된 경우 절연저항은 각각 100Ω/V(DC), 500Ω/V(AC) 이상이어야 한다.
나. 직류회로 및 교류회로가 전기적으로 조합되어 있는 경우 절연저항은 500Ω/V 이상이어야 한다. 다만, 교류회로가 다음 각 호의 어느 하나를 만족할 경우에는 100Ω/V 이상으로 할 수 있다.
　1) 고전원전기장치의 보호기구 내부에 이중 이상의 절연체로 절연되어 있고 제6호를 만족하는 경우
　2) 구동전동기 하우징, 전력 변환장치 외함 및 커넥터 등이 기계적으로 견고하게 장착된 구조일 경우
다. 연료전지자동차의 고전압 직류회로는 절연저항이 100Ω/V 이하로 떨어질 경우 운전자에게 경고를 줄 수 있도록 절연저항 감시시스템을 갖추어야 한다.
라. 전기자동차 충전 접속구의 활선도체부와 전기적 섀시 사이의 절연저항은 최소 1MΩ 이상이어야 한다.

17

저전압 직류변환장치(LDC)에 대한 내용 중 틀린 것은?

① 보조배터리(12V)를 충전한다.
② 전기자동차 가정용 충전기에 전원을 공급한다.
③ DC 약 360V 고전압을 DC 약 12V로 변환한다.
④ 저전압 전기장치 부품의 전원을 공급한다.

• 직류 변환 장치(LDC; Low Voltage DC-DC Converter) 역할 및 기능
전기차는 고전압 360V와 저전압12V 배터리를 모두 사용한다. 고전압은 모터, 전동식 컴프레서, PTC 히터 등에 사용되지만 그 외에 차량에 필요한 모든 전장품과 제어기들은 12V 전원을 이용한다. 12V 배터리를 충전해주는 변환 장치를 LDC라고 한다.

18

하이브리드 차량의 내연기관에서 발생하는 기계적 출력 상당 부분을 분할(split) 변속기를 통해 동력으로 전달시키는 방식은?

① 복합형
② 하드 타입 병렬형
③ 소프트 타입 병렬형
④ 직렬형

정답유추이론

① **FMED(소프트 타입) 병렬형** : 모터가 엔진 측에 장착되어 모터를 통한 엔진 시동, 엔진 보조, 그리고 회생 제동 기능 수행하며 EV 모드가 없다. (엔진과 모터가 직결되어 있어 모터 단독 구동 불가능)

② **TMED(하드 타입) 병렬형** : 모터가 변속기에 직결되어 있고 전기차 모드 주행을 위해 엔진과는 클러치로 분리되어 있으며 기존 변속기 사용이 가능하여 투자 비용을 절감할 수 있으나 정밀한 클러치 제어가 요구되며 주행 중 엔진 시동을 위해 별도의 하이브리드 스타터 제너레이터가 필요하고 EV 모드가 가능하며 FMED 방식 대비 연비가 우수하여 풀 하이브리드 타입 또는 하드 타입 하이브리드 시스템이라고 한다.

③ **복합형(Power Split Type)** : Power Split Type으로 동력 분기 형이라고도 하며 유성기어를 사용하여 엔진과 모터의 동력을 분배하여 동력을 전달하고 EV 모드 주행이 가능하여 엔진의 시동 없이 순수 모터 구동력만으로 주행할 수 있다.

④ **직렬형** : 엔진의 회전력을 발전기를 이용하여 전기를 만들어 고전압 배터리를 충전하고 이고전압 전원을 이용하여 구동 모터를 작동시키는 방식으로 엔진의 동력이 직접 구동축에 전달하지 않고 엔진은 발전기를 통해 전기 에너지를 생성하고 발생된 에너지를 사용하여 전기모터 구동력만으로 주행할 수 있다.

19

전기자동차의 감속기 오일 점검 시 주행 가혹 조건이 아닌 것은?

① 통상적인 운전 조건으로 주행하는 경우
② 짧은 거리를 반복해서 주행하는 경우
③ 고속주행의 빈도가 높은 경우
④ 모래 먼지가 많은 지역을 주행하는 경우

정답유추이론

• 감속기 오일 점검 시 가혹 조건
① 짧은 거리를 반복해서 주행할 때
② 모래 먼지가 많은 지역을 주행할 때
③ 기온이 섭씨 32도 이상이며, 교통체증이 심한 도로의 주행이 50% 이상인 경우
④ 험한 길(요철로, 모래 자갈길, 눈길, 비 포장로)주행의 빈도가 높은 경우
⑤ 산길, 오르막 내리막길 주행의 빈도가 높은 경우
⑥ 경찰차, 택시, 상용차, 견인차 등으로 사용하는 경우
⑦ 고속주행 (170kph 이상)의 빈도가 높은 경우
⑧ 소금, 부식물질 또는 한랭지역을 주행하는 경우

20

자동차용 내압용기 안전에 관한 규정상 압축수소가스 내압용기에 대한 설명에서 (   )안에 들어갈 내용으로 옳은 것은?

> 용기내의 가스압력 또는 가스양을 나타낼 수 있는 압력계 또는 연료계를 운전석에서 설치하여야 하며 압력계는 사용압력의 (   )의 최고눈금이 있는 것으로 한다.

① 0.1배 이상 1.0배 이하
② 1.1배 이상 1.5배 이하
③ 2.1배 이상 2.5배 이하
④ 1.5배 이상 2.0배 이하

정답유추이론

• **압축수소가스 내압용기 장착검사 세부기준, 설치방법 및 검사방법** (제7조제1항 제5호 관련)
3.10   압력계 및 연료계 설치기준
3.10.1 용기내의 가스압력 또는 가스양을 나타낼 수 있는 압력계 또는 연료계를 운전석에 설치하여야 하며 압력계는 사용압력의 1.1배 이상 1.5배 이하의 최고눈금이 있는 것으로 한다.

CBT 복원기출문제 제2회

01.②	02.②	03.①	04.①	05.②
06.②	07.②	08.③	09.③	10.③
11.①	12.④	13.②	14.①	15.②
16.①	17.②	18.①	19.①	20.②

01

전기자동차에서 회전자의 회전속도가 600 rpm, 주파수 f1에서 동기속도가 650rpm일 때 회전자에 대한 슬립률(%)은?

① 약 7.6
② 약 4.2
③ 약 2.1
④ 약 8.4

정답유추이론

• 슬립율

유도모터에서 회전자의 회전속도가 동기속도보다 늦은 상태를 회전자에 미끄럼(슬립)이 생기고 있다고 말한다. 미끄럼(슬립)의 정도는 동기속도와 속도차의 비율로 표시하는 것이 일반적이지만 이 수치에 100을 곱한 백분율(%)로 표시하기도 한다.

$$슬립률 = \frac{동기속도 - 회전속도}{동기속도} \times 100$$

$$슬립률 = \frac{650 - 600}{650} \times 100 = 7.69\%$$

02

전기자동차 충전기 기술기준상 교류 전기자동차 충전기의 기준전압으로 옳은 것은? (단, 기준전압은 전기자동차에 공급되는 전압을 의미하며 3상은 선간전압을 의미한다.)

① 단상 280V
② 3상 280V
③ 3상 220V
④ 단상 220V

정답유추이론

• 전기자동차 충전 방법
① 교류(AC)충전 방법 : AC충전은 차량이 AC(220V)

전류를 입력받아 고전압 DC로 바꾸어 충전하는 방식으로 이를 위하여 차량에는 OBC(On Board Charger)라는 장치를 두어 AC를 DC로 변환하여 충전하는 방법을 완속충전이라 하며 완속 충전은 급속충전보다 충전 효율이 높다.
② 직류(DC)충전 방법 : DC충전방식은 외부에 있는 충전장치가 AC (380V)를 공급받아 DC로 변환하여 차량에 필요한 전압과 전류를 공급하는 방식으로 50~400㎾까지 충전이 가능하며 보통 충전시간이 15~25분정도에 완료되므로 급속충전이라고 한다.

03

전기자동차 배터리 셀의 형상 분류가 아닌 것은?

① 각형 단전지
② 원통형 전지
③ 주머니형 단전지
④ 큐빅형 전지

정답유추이론

• 리튬이온전지의 외형에 따른 종류
① 각형 배터리 : 중국
② 원통형 배터리 : 테슬라
③ 파우치형 배터리 : 현대, 기아, GM

04

연료전지 자동차의 구동모터 시스템에 대한 개요 및 작동원리가 아닌 것은?

① 급격한 가속 및 부하가 많이 걸리는 구간에서는 모터를 관성주행 시킨다.
② 저속 및 정속 시 모터는 연료 전지 스택에서 발생되는 전압에 의해 전력을 공급 받는다.
③ 감속 또는 제동 중에는 차량의 운동 에너지는 고전압 배터리를 충전하는데 사용한다.
④ 연료전지 자동차는 전기 모터에 의해 구동된다.

정답유추이론

• **연료전지 자동차의 주행 특성**
① 경부하시에는 고전압 배터리가 적절한 충전량(SOC)으로 충전되는 동안 연료전지 스택에서 생산된 전기로 모터를 구동하며 한다.
② 중부하 및 고부하시에는 연료전지와 고전압 배터리가 전력을 공급한다.
③ 무부하 시에는 스택으로 공급되는 연료를 차단하여 스택을 정지시킨다.
④ 감속 및 제동 시에는 회생제동으로 생산된 전기는 고전압 배터리를 충전하여 연비를 향상 시킨다.

05

전기자동차 고전압장치 정비 시 보호 장구 사용에 대한 설명으로 틀린 것은?

① 절연장갑은 절연성능(1000V/300A 이상)을 갖춘 것을 사용한다.
② 고전압 관련 작업 시 절연화를 필수로 착용한다.
③ 보호안경을 대신하여 일반 안경을 사용하여도 된다.
④ 시계, 반지 등 금속 물질은 작업 전 몸에서 제거한다.

정답유추이론

• **보호장구 안전기준**
① **절연장갑** : 절연장갑은 고전압 부품 점검 및 관련 작업 시 착용하는 가장 필수적인 개인 보호장비이다. 절연 성능은 AC 1,000V/300A 이상 되어야 하고 절연장갑의 찢김 및 파손을 막기 위해 절연장갑 위에 가죽장갑을 착용하기도 한다.
② **절연화** : 절연화는 고전압 부품 점검 및 관련 작업 시 바닥을 통한 감전을 방지하기 위해 착용한다. 절연 성능은 AC 1,000V/300A 이상 되어야 한다.
③ **절연 피복** : 고전압 부품 점검 및 관련 작업 시 신체를 보호하기 위해 착용한다. 절연 성능은 AC 1,000V/ 300A 이상 되어야 한다.
④ **절연 헬멧** : 고전압 부품 점검 및 관련 작업 시 머리를 보호하기 위해 착용한다.
⑤ **보호안경, 안면 보호대** : 스파크가 발생할 수 있는 고전압 작업 시 착용한다.
⑥ **절연 매트** : 탈거한 고전압 부품에 의한 감전 사고 예방을 위해 부품을 절연 매트 위에 정리하여 보관하며 절연 성능은 AC 1,000V/300A 이상 되어야 한다.
⑦ **절연 덮개** : 보호장비 미착용자의 안전사고 예방을 위해 고전압 부품을 절연 덮개로 차단한다. 절연 성능은 AC 1,000V/300A 이상 되어야 한다.

06

전기자동차 충전에 관한 내용으로 옳은 것은?

① 급속 충전 시 AC 380V의 고전압이 인가되는 충전기에서 빠르게 충전한다.
② 완속 충전은 DC 220V의 전압을 이용하여 고전압 배터리를 충전한다.
③ 급속 충전 시 정격 에너지 밀도를 높여 배터리 수명을 길게 할 수 있다.
④ 완속 충전은 급속 충전보다 충전 효율이 높다.

정답유추이론

• **전기자동차 충전 방법**
① **교류(AC)충전 방법** : AC충전은 차량이 AC(220V) 전류를 입력받아 고전압 DC로 바꾸어 충전하는 방식으로 이를 위하여 차량에는 OBC(On Board Charger)라는 장치를 두어 AC를 DC로 변환하여 충전하는 방법을 완속충전이라 하며 완속 충전은 급속 충전보다 충전 효율이 높다.
② **직류(DC)충전 방법** : DC충전방식은 외부에 있는 충전장치가 AC (380V)를 공급받아 DC로 변환하여 차량에 필요한 전압과 전류를 공급하는 방식으로 50~400㎾까지 충전이 가능하며 보통 충전시간이 15~25분정도에 완료되므로 급속충전이라고 한다.

07

전기자동차 히트 펌프 시스템의 난방 작동모드 순서로 옳은 것은?

① 컴프레서 → 실외 콘덴서 → 실내 콘덴서 → 칠러 → 어큐뮬레이터
② 실외 콘덴서 → 컴프레서 → 실내 콘덴서 → 칠러 → 어큐뮬레이터
③ 컴프레서 → 실내 콘덴서 → 칠러 → 실외 콘덴서 → 어큐뮬레이터
④ 컴프레서 → 실내 콘덴서 → 실외 콘덴서 → 칠러 → 어큐뮬레이터

정답유추이론

• **히트 펌프 시스템의 난방 작동모드 순서**
전동식 에어컨 컴프레서 → 실내 콘덴서 → 실외 콘덴서 → 칠러 → 어큐뮬레이터
① **전동 컴프레서** : 전동 모터로 구동되어지며 저온 저압가스 냉매를 고온 고압가스로 만들어 실내 컨덴서로 보내진다.
② **실내 컨덴서** : 고온고압가스 냉매를 응축시켜 고온 고압의 액상 냉매로 만든다.
③ **실외 컨덴서** : 액체상태의 냉매를 증발시켜 저온저압의 가스 냉매로 만든다.
④ **칠러** : 저온 저압가스냉매를 모터의 폐열을 이용하여 2차 열 교환을 한다.
⑤ **어큐뮬레이터** : 컴프레서로 기체의 냉매만 유입될 수 있게 냉매의 기체와 액체를 분리한다.

08

전기자동차의 구동 모터 탈거를 위한 작업으로 가장 거리가 먼 것은?

① 배터리 관리 유닛의 커넥터를 탈거한다.
② 서비스(안전) 플러그를 분리한다.
③ 냉각수를 배출한다.
④ 보조 배터리(12V)의 (-)케이블을 분리한다.

정답유추이론

• **고전압 전원 차단절차**
① 고전압(안전플러그)을 차단한다.
② 12V 보조배터리 (-)단자를 분리한다.
③ 파워 일렉트릭 커버를 탈거한다.
④ 언더커버를 탈거한다.
⑤ 냉각수를 배출한다.

09

전기자동차 또는 하이브리드 자동차의 구동 모터 역할로 틀린 것은?

① 모터 감속 시 구동모터를 직류에서 교류로 변환시켜 충전
② 고전압 배터리의 전기에너지를 이용해 차량 주행
③ 감속기를 통해 토크 증대
④ 후진 시에는 모터를 역회전으로 구동

정답유추이론

• **회생제동 원리**

감속 시에는 발생하는 운동에너지를 이용하여 구동 모터를 발전기로 전환 시켜 발생된 교류(AC)에너지를 MCU(인버터)를 거치면서 직류(DC)로 정류한 전기 에너지를 고전압 배터리에 충전한다.

10

고전압 배터리 제어 장치의 구성 요소가 아닌 것은?

① 배터리 관리 시스템(BMS)
② 고전압 전류 변환장치(HDC)
③ 배터리 전류 센서
④ 냉각 덕트

정답유추이론

① **배터리 관리 시스템(BMS)** : 고전압 배터리의 SOC, 출력, 고장진단, 배터리 셀 밸런싱(Cell Balancing), 시스템 냉각, 전원 공급 및 차단 제어
② **고전압 전류 변환장치(HDC)** : 연료전지의 스택에서 생성된 전력과 회생제동에 의해 발생된 고전압을 강하시키고 고전압 배터리로 강하된 전압을 보내 충전한다.
③ **배터리 전류 센서** : 고전압 배터리의 충·방전시 전류를 측정한다.
④ **냉각 덕트** : 고전압 배터리를 냉각시키기 위하여 쿨링 팬에서 발생한 공기가 흐르는 통로

11

병렬형 하이브리드 자동차의 특징에 대한 설명으로 틀린 것은?

① 모터는 동력 보조의 역할로 에너지 변환 손실이 적다.
② 소프트 방식은 일반 주행 시 모터 구동만을 이용한다.
③ 기존 내연기관 차량을 구동장치의 변경 없이 활용 가능하다.
④ 하드 방식은 EV 주행 중 엔진 시동을 위해 별도의 장치가 필요하다.

정답유추이론

• **병렬형** : 복수의 동력원(엔진, 전기 모터)을 설치하고, 주행 상태에 따라서 어느 한 편의 동력을 이용하여 구동하는 방식이다.
　㉮ **Hard Type(하드 타입)** : TMED(엔진 클러치 장착)
　　− EV 모드 구현됨.
　　− 엔진 클러치 장착
　　− 별도의 엔진 Starter 필요함.
　㉯ **Soft Type(소프트 타입)** : FMED(엔진 클러치 미장착)
　　− 엔진 출력축에 직전 모터장착.
　　− 엔진 시동, 파워 어시스트, 회생 제동 가능 수행
　　− EV모드 주행 불가

12

수소 연료전지 자동차에서 연료전지에 수소 공급 압력이 높은 경우 고장 예상원인 아닌 것은?

① 수소 공급 밸브의 누설(내부)
② 수소 차단 밸브 전단 압력 높음
③ 고압 센서 오프셋 보정값 불량
④ 수소 공급 밸브의 비정상 거동

정답유추이론

① 수소공급 시스템의 주요 구성요소는 수소차단밸브, 수소공급밸브, 퍼지밸브, 워터트랩, 드레인 밸브, 수소센서 및 저압 센서로 구성된다.
② 수소차단 밸브는 수소탱크로부터 스택에 수소를 공급하거나 차단하는 개폐 밸브이다.
③ 수소차단 밸브는 IG ON 시 열리고 OFF시 닫힌다.
④ 수소공급 밸브는 수소가 스택에 공급되기 전에 수소 압력을 낮추거나 스택 전류에 맞추어 수소압력을 제어하는 기능을 한다.
⑤ 수소 압력 제어를 위해 수소공급 시스템에는 저압 센서가 적용되어 있다.
• 스택에 수소가 공급되지 않거나 수소압력이 높을 때 예상되는 원인
① 수소 차단 밸브 전단 압력 높음.
② 수소 공급 밸브 비정상 거동
③ 수소 공급 밸브 누설(내부)
④ 저압 센서

13

하이브리드 자동차에서 제동 및 감속 시 충전이 원활히 이루어지지 않는다면 어떤 장치의 고장인가?

① 회생제동 장치
② 발진 제어 장치
③ LDC 제어 장치
④ 12V용 충전 장치

정답유추이론

• 회생제동 시스템 원리
제동 및 감속 시에는 발생하는 운동에너지를 이용하여 구동 모터를 발전기로 전환 시켜 발생 된 교류(AC) 에너지를 MCU(인버터)를 거치면서 직류(DC)로 정류한 전기 에너지를 고전압 배터리에 충전한다.

14

수소 연료전지 자동차의 주행상태에 따른 전력 공급 방법으로 틀린 것은?

① 평지 주행 시 연료전지 스택에서 전력을 공급한다.
② 내리막 주행 시 회생제동으로 고전압 배터리를 충전한다.
③ 급가속 시 고전압 배터리에서만 전력을 공급한다.
④ 오르막 주행 시 연료전지 스택과 고전압 배터리에서 전력을 공급한다.

정답유추이론

• 수소 연료전지 자동차의 주행 특성
① 경부하시에는 고전압 배터리가 적절한 충전량(SOC)으로 충전되는 동안 연료전지 스택에서 생산된 전기로 모터를 구동하며 주행 한다.
② 중부하 및 고부하시에는 연료전지와 고전압 배터리가 전력을 공급한다.
③ 무부하 시에는 스택으로 공급되는 연료를 차단하여 스택을 정지시킨다.
④ 감속 및 제동 시에는 회생제동으로 생산된 전기는 고전압 배터리를 충전하여 연비를 향상 시킨다.

15

하이브리드 전기자동차 계기판에 'Ready' 점등 시 알 수 있는 정보가 아닌 것은?

① 고전압 케이블은 정상이다.
② 고전압 배터리는 정상이다.
③ 엔진의 연료 잔량은 20% 이상이다.
④ 이모빌라이저는 정상 인증되었다.

정답유추이론

① 하이브리드 전기자동차의 IG S/W를 ON시키면 HPCU에서 하이브리드 전기자동차의 모든 시스템을 스캔(점검)하여 이상 발생이 없을 때 계기판에 'Ready' 램프가 점등 되며 이때 하이브리드 자동차는 주행 준비상태가 완료된다.
② 엔진의 연료(가솔린, 경유) 잔량은 'Ready' 점등과 상관관계가 없다.

16

마스터 BMS의 표면에 인쇄 또는 스티커로 표시되는 항목이 아닌 것은? (단, 비일체형인 경우로 국한한다.)

① 사용하는 동작 온도범위
② 저장 보관용 온도범위
③ 제어 및 모니터링하는 배터리 팩의 최대 전압
④ 셀 밸런싱용 최대 전류

정답유추이론

• 마스터 BMS 표면에 표시되는 항목
① BMS 구동용 외부전원의 전압 범위 또는 자체 배터리 시스템에서 공급받는 구동용 전압 범위
② 제어 및 모니터링 하는 배터리 팩의 최대 전압
③ 제어 및 모니터링 하는 배터리 팩의 최대 전류
④ 사용동작 온도 범위
⑤ 저장 보관용 온도 범위

17

하이브리드 자동차에 쓰이는 고전압(리튬이온 폴리머) 배터리가 72셀이면 배터리 전압은 약 얼마인가?

① 144V   ② 240V
③ 360V   ④ 270V

정답유추이론

고전압(리튬 이온 폴리머) 배터리 공칭 전압
3.75V × 72셀 = 270V

18

수소연료전지차의 에너지 소비효율 라벨에 표시되는 항목이 아닌 것은?

① 도심주행 에너지 소비효율
② CO_2 배출량
③ 1회 충전 주행거리
④ 복합 에너지 소비효율

정답유추이론

• 1회 충전 주행거리 : 하이브리드 및 전기자동차 에너지 소비효율 라벨에 표시되는 항목

19

교류회로에서 인덕턴스(H)를 나타내는 식은? (단, 전압 V, 전류 A, 시간 s이다.)

① H = A / (V · s)
② H = V / (A · s)
③ H = (V · s) / A
④ H = (A · s) / V

정답유추이론

• 인덕턴스

코일 등에서 전류변화가 유도기전력이 되어 나타나는 성질이나 그 크기를 인덕턴스(inductance)라고 한다. 기호로 [L] 단위는 [H]가 사용된다.

코일의 권수가 많을수록 인덕턴스가 커진다.

도선에 흐르는 전류의 자기작용을 이용한 소자를 인덕터라고 하며 인덕터는 전류가 흐를 때 그 전류의 변화를 억제하려는 성질을 가지게 되는데 이러한 인덕터의 성질을 인덕턴스(inductance)라고 한다.

교류(AC)의 경우 도선에 흐르는 전류의 방향이 주기적으로 바뀌며 따라서 자기장의 방향 역시 주기적으로 바뀌게 된다.

이때 자기장 방향 변화는 도선에 흐르는 전류의 방향과 동시에 이루어지지 못하여 지연이 발생하고 이때 주기가 바뀐 전류 방향은 이전에 생성된 자기장의 방향에의 흐름이 방해되는 현상이 발생하며 이러한 현상을 인덕턴스라고 한다.

인덕턴스는 도선 자체에 생성되는 자체유도와 근접한 두 개 이상의 도선에서 생성된 상호유도로 구별 된다.

따라서 인덕턴스란 전류의 흐름을 방해하는 현상으로 정의되며 코일에서 발생되는 일종의 저항이며 인덕턴스를 나타내는 식은 옴의 법칙을 인용하여

$$E = H \times \frac{di}{dt} \qquad H = E \times \frac{dt}{di}$$

E : 전압(V), H : 인덕턴스, di : 전류(A)
dt : 시간(s)

$$H = \frac{E \times S}{A}$$

20

전기자동차에서 교류 전원의 주파수가 600Hz, 쌍극자수가 3일 때 동기속도(s^{-1})는?

① 100
② 1800
③ 200
④ 180

정답유추이론

모터회전수 $N = \dfrac{120 \cdot f}{P}$

f: 전원주파수
P: 자극의 수(쌍극×3)=6

모터회전속도= $\dfrac{120 \times 600}{6} = 12,000 (RPM)$

동기속도(S^{-1})은 초속도이므로

$\dfrac{12,000}{60} = 200(S^{-1}) = 200(rps)$

CBT 복원기출문제 제3회

01.①	02.④	03.④	04.①	05.③
06.④	07.④	08.①	09.①	10.②
11.②	12.③	13.①	14.③	15.③
16.④	17.④	18.③	19.③	20.③